Institut
für ausländisches und internationales Privatrecht

BEITRÄGE
zum
ausländischen und internationalen Privatrecht

Herausgegeben in Gemeinschaft mit

**E. Heymann, M. Pagenstecher, F. Schlegelberger,
H. Titze, M. Wolff**

von

E. Rabel
Direktor des Instituts für ausländisches
und internationales Privatrecht

Heft 1

Berlin und Leipzig 1928

Walter de Gruyter & Co.

vormals G. J. Göschen'sche Verlagshandlung — J. Guttentag, Verlagsbuchhandlung
Georg Reimer — Karl J. Trübner — Veit & Comp.

Vertraglicher Schutz
gegen
Schwankungen des Geldwertes

(Goldklauseln und andere Abreden zur Minderung des Valutarisikos)

Von

Dr. Arthur Nußbaum
Professor an der Universität Berlin

Berlin und Leipzig 1928

Walter de Gruyter & Co.

vormals G. J. Göschen'sche Verlagshandlung — J. Guttentag, Verlagsbuchhandlung
Georg Reimar — Karl J. Trübner — Veit & Comp.

Vorwort.

Die vorliegende Schrift bringt, obschon in sich abgeschlossen eine Durchführung und Ergänzung gewisser Gedankengänge meines Buches „Das Geld in Theorie und Praxis des deutschen und ausländischen Rechts". Eine Fülle neuen Stoffes hat sich besonders durch die Entwicklung der französischen Rechtsprechung und Literatur seit dem Erscheinen des Buches angehäuft. Ich konnte in der vorliegenden Schrift aber auch manches nachtragen und vor allem die ausländische Literatur in weiterem Ausmaße und in den neuesten Auflagen benutzen. Während ich bei Abfassung des „Geldes" in den Jahren 1923 und 1924 genötigt war, das Material aus den verschiedensten Bibliotheken, und namentlich aus vielen kleinen und unvollkommenen Privatbüchereien mühsam zusammenzutragen, standen mir jetzt die schönen Bücherbestände der beiden Schwesterinstitute für ausländisches und internationales Recht (Privatrecht und öffentliches Recht) zur Verfügung. Besonders die vortreffliche Amerikaabteilung des öffentlich-rechtlichen Institutes ist mir von Nutzen gewesen und ermöglichte mir, die sonst so schwer zugängliche amerikanische Praxis in die Darstellung hineinzubeziehen. Im ganzen sind Judikatur und Literatur bis gegen Ende des Jahres 1927 benutzt worden.

Herrn Dr. Prenzel, Referenten bei der Reichsbank, habe ich für eine Reihe wertvoller Auskünfte sehr zu danken.

Berlin, im Januar 1928. Nußbaum

Inhaltsübersicht.

Anhang.

A. Gesetzestexte.

Verzeichnis der Abkürzungen.

AGBGB	=	Ausführungsgesetz zum BGB
AC	=	House of Lords Appeal Cases
Ann. dr. comm	=	Annales de droit commercial
App.	=	Appellationsgericht
Cass.	=	Cassationshof
C. c.	=	Code civil
C. comm.	=	Code de commerce
Dalloz hebd.	=	Dalloz, Recueil hebdomadaire de jurisprudence
Dalloz pér.	=	Dalloz, Rec. périodique et critique de jurisprudence
Foro Ital.	=	Il Foro Italiano
Gaz. Pal.	=	Gazette du Palais
Ges. S.	=	Gesetzsammlung
GBO.	=	Grundbuchordnung für das Deutsche Reich
Jahrb. Entsch. fr. G.	=	Jahrbuch für Entscheidungen der freiwilligen Gerichtsbarkeit
Journ. des Soc.	=	Journal des sociétés civiles et commerciales
Journ. dr. int.	=	Journal du droit international (Clunet)
JurW.	=	Juristische Wochenschrift
Leipz. Z.	=	Leipziger Zeitschrift für Deutsches Recht
OLGRspr.	=	Rechtsprechung der Oberlandesgerichte
Rechtsprechung	=	„Die Rechtsprechung" herausgegeben vom Verband österr. Banken und Bankiers (Wien)
Rev. dr. banc	=	Revue du droit bancaire
Rev. dr. int. privé	=	Revue de droit international privé
Rev. jur. d'Alsace et de Lorraine	=	Revue juridique d'Alsace et de Lorraine
Rev. trim. dr. civ.	=	Revue trimestrielle de droit civil
RG.	=	Entscheidungen des Reichsgerichts in Zivilsachen
RGBl.	=	Reichsgesetzblatt
Riv. dir. comm.	=	Rivista del diritto commerciale
SchwOR.	=	Schweizerisches Obligationenrecht
Sirey	=	Sirey, Recueil général des lois et des arrêts
TLR	=	Times Law Reports
Trib. civ.	=	Tribunal civil
Trib. comm.	=	Tribunal de commerce
Vo.	=	Verordnung

Einleitung.

Die Frage, wie Gläubiger und Schuldner sich gegen Veränderungen des Geldwerts schützen können, hat durch die Stabilisierung der meisten durch Krieg und Inflation erschütterten Währungen keineswegs an Bedeutung verloren. Sie bildet insbesondere für Kreditinstitute und Versicherungsgesellschaften sowie für die Kredit- und Versicherungsnehmer, aber auch für die Erwerber von Schuldverschreibungen und für zahllose andere Interessenten einen Gegenstand dauernder Überlegung und Sorge. Denn einmal sind keineswegs alle Währungen als dauernd befestigt anzusehen. Schwankungen der Valuta e i n e s Landes berühren aber angesichts der weltwirtschaftlichen Verflechtungen regelmäßig auch Interessen der anderen Länder, und die Aufwärtsbewegungen, die sich im Stadium der Währungsgesundung einzustellen pflegen, können in dieser Hinsicht nicht minder gefährlich wirken als die Abwärtsbewegungen. Außerdem sind die weitaus meisten Länder in der Stabilisierung noch nicht bis zur Einlösbarkeit des Papiergeldes in Gold, sondern nur bis zur Aufrichtung einer „Goldkernwährung" gelangt.[1]) Bei den Goldkernwährungen sind jedoch die Normalgrenzen der Ausschläge des Wertpendels weiter voneinander entfernt als bei den echten Goldwährungen. Wichtiger indessen als alle diese objektiven Momente ist die Sorge der Geldgeber vor neuen, heute noch nicht voraussehbaren Währungsänderungen. In den Vereinigten Staaten hat die verhältnismäßig geringfügige Entwertung des Dollars während des

---

[1]) Innerhalb Europas sind zur Zeit nur die Noten der Bank of England und der Schwedischen Reichsbank gegen Gold einlösbar, die englischen sogar nur mit einer Einschränkung (S. 34 Anm. 3). Die Noten der niederländischen Bank können auch gegen Silber eingelöst werden (Niederländisches Münzgesetz vom 28. Mai 1901 Art. 2 und 5 sowie Gesetz über die Noten der Niederländischen Bank vom 18. Juli 1904). Der sogenannte Übergang der Niederlande zur Goldwährung hatte nur devisenpolitischen Charakter. Er bedeutete in der Hauptsache die Aufhebung des Goldausfuhrverbotes und die Bereitschaft der Niederländischen Bank zur Goldabgabe an das Ausland (Erklärung des niederländischen Finanzministers Colijn in der Zweiten Kammer am 28. April 1925).

Bürgerkrieges der 60er Jahre [1]) zur Folge gehabt, daß bis zum heutigen Tage langfristige amerikanische Kreditverträge ganz überwiegend mit Goldklauseln abgeschlossen werden. Um wieviel nachhaltiger wird sich der Eindruck auswirken müssen, den die Währungszerrüttung des Weltkrieges in der empfindlichen Seele des Kapitalisten zurückgelassen hat. Die heute lebende Generation wird von der Gewohnheit, bei langfristigen Verträgen Sicherungen gegen Geldwertschwankungen zu suchen, sicherlich nicht mehr frei werden. Das gilt insbesondere für internationale Kreditgeschäfte in weitestem Sinne.

Man hat mancherlei Klauseln erfunden, die dem Schutz gegen Veränderungen des Geldwerts dienen sollen. Bevor wir die Abreden im einzelnen auf ihre rechtlichen Wirkungen, ihre Vorteile und Nachteile prüfen, ist es jedoch erforderlich, die rechtlichen und gesetzpolitischen Bedenken zu erörtern, die den Abreden g r u n d s ä t z l i c h entgegenstehen. Zu einer solchen allgemeinen Untersuchung bedürfen wir eines zusammenfassenden Ausdrucks. Die Bezeichnung „Schwankungsklausel", die in der Praxis gelegentlich verwendet wird, ist zwar kurz, aber sie trifft gar zu wenig den Sinn[2]). Wir wollen in Ermangelung eines besseren Ausdrucks von „Valutaschutzklauseln" (Valuta im Sinne von Wert einer der Währung nach bestimmten Geldart) oder kurz von „Schutzklauseln" sprechen.

---

[1]) Vgl. mein „Geld in Theorie und Praxis des deutschen und ausländischen Rechts" — im Folgenden zitiert „Geld" — 133.

[2]) Der Ausdruck „Aufwertungsklausel" (S e d l a c e k. Zeitschr. f. Ostrecht 1927, 346) empfiehlt sich schon deshalb nicht, weil der Grundgedanke der Aufwertung dem der hier fraglichen Abreden entgegengesetzt ist. Denn diese Abreden setzen gerade die Geltung des nominalistischen Grundsatzes voraus. Der Ausdruck trifft allerdings die Sache auch sonst nicht.

1. Kapitel.

Valutaschutzklauseln im allgemeinen.

§ 1.

Valutaschutzklausel und Papiergeldzwangskurs.

I. Unter dem Zwangskurs des Papiergeldes versteht man eine gesetzliche Ordnung des Geldwesens, kraft deren uneinlösliches Papiergeld von dem Geldgläubiger als Zahlung angenommen werden muß. Da die Einführung des Zwangskurses regelmäßig eine Entwertung des Geldes zur Folge hat, gleichwohl aber auf einer gesetzlichen, im öffentlichen Interesse getroffenen Anordnung beruht, so taucht die Frage auf, ob eine Valutaschutzklausel überhaupt vor dem Zwangskurs des Papiergeldes bestehen kann. Die Frage ist als ein von der positiven Gesetzgebung unabhängiges Problem der allgemeinen Rechtslehre bereits im Frankreich des 18. Jahrhunderts gestellt und von der herrschenden Meinung im Interesse der Geldverschlechterungspraxis der französischen Könige bejaht worden[1]). Damals wurde die Tradition geschaffen, durch welche sowohl in der großen französischen Revolution wie in den Perioden späterer Währungskrisen die französische Rechtsbildung in entscheidender Weise beeinflußt worden ist. Auf ihr beruht insbesondere das für die neuere Gerichtspraxis grundlegende Urteil des Kassationshofs vom 11. Februar 1873[2]). Ein Gesetz vom 12. August 1870 hatte aus Anlaß des deutsch-französischen Krieges die Noten der Banque de France mit dem Annahmezwang (cours légal) bekleidet und gleichzeitig für die Bank den Einlösungszwang aufgehoben, womit der Tatbestand des cours forcé gegeben war. Daraufhin erklärte der Kassationshof eine bereits vor dem Gesetz unter Franzosen eingegangene Verpflichtung, unter Ausschluß des Papiergeldes in Gold- oder Silbermünzen zu zahlen, für nichtig, weil sie dem Zwangskurs der Banknoten widerspreche. Das Urteil stieß in der Wissenschaft auf Widerspruch[3]), aber die schnelle Erholung des Franken

---

1) „Geld" 171.

2) Dalloz pér. 1873 I 177.

3) Boistel bei Dalloz a. a. O.; Labbé bei Sirey 1873 I 97.

ließ ein Interesse an einer tiefergehenden Erörterung nicht aufkommen. Immerhin hatte das Urteil die Folge, daß im innerfranzösischen Verkehr die Gold- und Silberklauseln überwiegend außer Gebrauch kamen, sehr zum Unterschied von Deutschland, wo die Goldklausel besonders auf dem Gebiet des Hypothekenwesens etwa seit den neunziger Jahren allgemeine Verbreitung fand. Insofern sah man sich bei der Suspension der Banknoteneinlösung im Jahre 1914 (Gesetz vom 5. August 1914) in Frankreich einer günstigeren Lage gegenüber. Die aus der Zeit vor 1873 stammenden Währungsschutzklauseln, wie sie sich besonders in ländlichen Renten- und Pachtverhältnissen fanden[1]), waren verhältnismäßig von geringer Bedeutung[2]). Große Schwierigkeiten verursachten der Praxis dagegen die Valutaschutzklauseln des innerfranzösischen Verkehrs der Inflationszeit, sowie die in Frankreich vor dem Kriege aufgelegten auswärtigen Goldanleihen und die sonstigen französischen Goldforderungen gegen das Ausland. Auch in dieser Hinsicht lagen die Verhältnisse anders wie bei uns. In Deutschland führte die Devisengesetzgebung der Inflationsperiode[3]) zu einer starken Einschränkung der Schutzklauselpraxis, und auf Goldklauseln hatten die deutschen Obligationsbesitzer der Vorkriegszeit wenig Gewicht gelegt. In Frankreich aber, dem eine Aufwertungsbewegung erspart geblieben ist, traten die Schutzklauseln in den Vordergrund der mit der Währungskrise zusammenhängenden Rechtsprobleme. Es entwickelte sich eine weitverzweigte Judikatur und Hand in Hand mit ihr eine bedeutende wissenschaftliche Literatur, in welcher die besten Namen der französischen Zivilistik vertreten sind[4]). Der 1926

---

[1]) Hier sind sie bisweilen auch in der Zeit nach 1873 vereinbart worden, vgl. Trib. civ. Chateaudun (26. Mai 1922) Rev. dr. bancaire 1926, 61; App Paris (22. Febr. 1924), Journ. dr. int. 1924, 702. Vgl. auch unten S. 15.

[2]) Immerhin haben sich die Gerichte auch nach dem Kriege mit solchen alten Klauseln zu befassen gehabt, z. B. das Trib. civ. Melun (5. Juni 1924), Dalloz pér. 1924 II 97; Trib. civ. Angers Rev. dr. bancaire (22. Dez. 1925) 1926, 267 (Roggenwertrenten).

[3]) Insbesondere Verordnungen vom 8. Mai 1923 RGBl. I 275 und vom 23. Juni 1923 RGBl. I 507.

[4]) Monographisch: Die vortreffliche Arbeit von Mestre und James La clause-or en droit français (1926) und die umfassender angelegte Untersuchung von Schkaff La dépréciation monétaire; ses effets en droit privé 2 éd (1926); Dissertationen von Jeanne Rozis, L'erécution des obligations et les variations de valeur de la monnaie (Paris 1925) und Charlotte Béquignon, La dette de monnaie étrangère (Paris 1925) u. a. (Schkaff, 146 Anm, 2). Aus der kaum übersehbaren Zeitschriftenliteratur sind an erster Stelle zu nennen die eindringenden Abhandlungen von Gény, La validité juridique de la clause payable en or, Rev. trim. dr. civ. 1926, 557 ff. und von Champcommunal La stabilisation des prix dans les contrats à terme

abgehaltene Kongreß der französischen Handelsgerichte setzte das Thema der Valutaschutzklauseln auf seine Tagesordnung; die beiden lehrreichen Referate von Buisson und Hildenfinger sind im Buchhandel erschienen[1]). Bereits 1924 hatte die Regierung der Deputiertenkammer einen Gesetzentwurf zur Regelung der Valutaschutzklauseln vorgelegt, den sie jedoch zurückziehen mußte[2]). Statt dessen erging im Jahre 1926 eine ausführliche allgemeine Verfügung des Justizministers an die Staatsanwaltschaften bei den Appellhöfen[3]). Die Bewegung blieb aber auf die Kreise der Juristen und Justizbehörden nicht beschränkt. Zahlreiche Handelskammern haben zu der Frage Stellung genommen, ebenso volkswirtschaftliche Gesellschaften, die Tagespresse usw.[4]). Im ganzen haben wir ein kleines Gegenstück zur Aufwertungsbewegung. Dabei ist von besonderem Interesse, daß im Gegensatz zu der extrem individualistischen Haltung der deutschen Gerichte die französischen Gerichte mit größter Energie darauf hielten, die individuellen Interessen dem Währungsgesetz unterzuordnen.

II. Denn die französische Rechtsprechung blieb nicht bei der Ablehnung der Gold- (und Silber-) Münzklauseln stehen[5]), deren Unvereinbarkeit mit dem Banknotenzwangskurs der Kassationshof bereits in seinem Urteil aus dem Jahre 1873 statuiert hatte, sondern es wurden in gleicher Weise für ungültig erklärt die Zusage, einen

---

Ann. dr. comm. 1926, 93 ff.; ferner namentlich Valéry, La clause payable en or, Journ. dr. int. 1916, 1132 ff.; Perroud, La détermination de la monnaie etc., ebenda 1924, 628 ff.; Picard, La clause „paiement or" et les règlements extérieurs, ebenda 1927, 34 ff.; Capitant, Les succédanés de la clause payable en or, Dalloz hebd. 1926, 33 ff; derselbe, Du sort du contrat contenant une clause annullée comme contraire aux lois sur le cours légal, ebenda 1927, 1 ff; Nogaro, La clause „payable en or", Rev. trim. dr. civ. 1925, 5 ff.; Niboyet, Des conflits de lois relatifs aux payements, Rev. dr. int. privé 1925, 161 ff.; Mater, in seiner Revue du droit bancaire, 1923, S. 193 ff.; 289 ff., 1924, S. 193 ff., 1926, S. 241 ff., 343 ff., 385 ff.; Derselbe, La Monnaie S. 186 ff. Auch Lyon-Caen, Demogue, Ripert, Planiol, Jèze u. a. haben sich an den Auseinandersetzungen beteiligt; vgl. unten S. 18 f. Auffällig ist, daß das französische Schrifttum von der reichen Judikatur und Literatur des Auslandes so gut wie nichts weiß, abgesehen allenfalls von Schkaff.

[1]) Unter dem Titel: „De la validité des clauses tendant à parer, dans les contrats, aux inconvénients de l'instabilité monétaire" (Paris 1926).

[2]) Mestre-James 70.

[3]) Abgedruckt in Journ. dr. int. 1927, 236.

[4]) Vgl. z. B. Mestre-James 17, 91, 94.

[5]) Vgl. z. B. App. Paris (31. Dez. 1926) Dalloz hebdom. 1927, 88; Trib. civ. de la Seine (17. März 1919) Dalloz pér. 1924, II 22; Trib. comm. de la Seine (16. April 1923) Rev. dr. bancaire 1926, 345.

von dem Goldwert abhängigen Frankenbetrag zu zahlen (Goldwertklausel, „Clause valeur or")[1]), ferner die Klausel der Zahlung in fremder Währung[2]) und die Abrede der Frankenzahlung nach dem Kurse einer fremden Währung („clause de garantie de change"), insbesondere nach dem Stand des Dollarkurses[3]) — dies auch für den Fall, daß der Gläubiger den Schutz der Klausel nur bei einem bestimmten Maße der Entwertung des Franken solle anrufen dürfen[4]). Nicht minder verfielen der Nichtigkeitserklärung die Vereinbarungen, daß die Schuld in Zinscoupons der 4prozentigen wertbeständigen französischen Anleihe von 1925[5]) bezahlt werden[6]) oder sich in ihrer Höhe nach dem Kurs der Rente richten solle[7]). Mit der Berechnung des Preises nach dem Index beschäftigt sich, soweit ich sehe, nur eine Entscheidung. Auch hier wurde die Abrede für ungültig erklärt, allerdings mit einer auf den Sachverhalt zugeschnittenen Begründung und unter Vorbehalt der Gültigkeit für „marchés à livrer[8]). Hinsichtlich der Preisbestimmung in eigentlichen Sachleistungen und Sachwerten ist die Praxis zwiespältig. Waren die Parteien so unvorsichtig, im Vertrage für den Fall des Zwangskurses den Ersatz der Geldleistung durch eine Sachleistung (z. B. die Pachtleistung „en blé et en avoine") auszubedingen, so wird ihnen

---

[1]) Cass. (17. Mai 1927) Dalloz hebd. 1927, 333; App. Paris (22. Febr. 1924) Journ. dr. int. 1924, 702; Trib. sup. Colmar (13. Mai 1924) Rev. jur. d'Alsace et de Lorraine 1924, 284; anders Trib. civ. Dijon (1. April 1926) Sirey 1926 II 51.

[2]) Cass. (17. Mai 1927) Dalloz hebd. 1927, 333; App. Agen (31. Jan. 1927) Dalloz hebd. 1927, 156; App. Colmar (10. März 1926) Rev. jur. d'Alsace et de Lorraine 1926, 444. Cass. (9. März 1925) Journ. dr. int. 1926, 103 betrifft ein Geschäft zwischen zwei in Argentinien ansässigen Franzosen und kann keinesfalls für die allgemeine Zulässigkeit der Vereinbarungen von Zahlungen in fremder Währung herangezogen werden, wie dies in durchaus unzutreffender Weise bei Mestre-James 110, 144, 154 geschieht.

[3]) Cass. von 17. Mai 1927 in voriger Note; App. Pau (26. Juli 1926) Journ. dr. int. 1927. 99; App. Paris (23. März 1927) Gaz. Pal. 1927 I 707; Trib. civ. Seine (9. Febr. 1926) Dalloz pér. 1926 II 69; Trib. civ. Béziers (15. Juli 1926) Rev. dr. bancaire 1927, 181; Trib. civ. Seine et Marne (5. November 1926) Dalloz hebd. 1926, 559; Trib. comm. Marseille (17. Nov. 1926) Rev. dr. bancaire 1927, 470; Trib. civ. Rouen (28. März 1927) Gaz. Pal. 1927 II 90. Das abweichende Urteil des App. Aix (10. Febr. 1927) Dalloz hebd. 1927, 246 ist durch die zitierte Cassations Entscheidung aufgehoben.

[4]) App. Pau in Note 3); Trib. civ. Nizza (18. Mai 1926) Sirey 1926 II 87.

[5]) Mestre-James 159.

[6]) Trib. civ. Rouen (28. März 1927) Gaz. Pal. 1927 II 90.

[7]) Trib. civ. Belfort (10. März 1926) Rev. dr. bancaire 1927, 220; Trib. Paix Paris (26. Januar 1927) Gaz. Pal. 1927 I 415.

[8]) Trib. comm. Seine (2. März 1927) Gaz. Pal. 1927 I 707.

die offen bekundete Absicht der Umgehung des Zwangskurses entgegengehalten [1]). Das Trib. civ. Nizza verwarf aber auch die Vereinbarung, daß eine Wohnungsmiete unter Zugrundelegung des Pariser Preises für Mauersteine berechnet werden sollte, obwohl hier die verfängliche Bedingung des Eintritts des Zwangskurses fehlte [2]). Ebenso entschied das Trib. civ. Roanne bezüglich der Vereinbarung einer Pachtzahlung in Korn und Milch [3]), das Trib. civ. Naval bezüglich einer Pachtbestimmung nach dem Weizenpreis [4]). Im Gegensatz dazu hat das Tribunal de commerce Algier eine Preisvereinbarung auf der Grundlage des Brotpreises zugelassen [5]). Ebenso billigte das Trib. civ. Auxerre die Abrede, daß der Pächter die Pacht zu entrichten habe in dem Wert von 200 kg poulets, 50 kg poules, 4000 oeufs coque mit dem Recht des Verpächters, nach seiner Wahl Naturalleistungen zu fordern [6]). Im ganzen aber ist die Rechtsprechung nicht nur über die Extremisten [7]) in der französischen Literatur noch hinausgegangen, sondern auch über die Absichten der französischen Regierung, welche es für zulässig erklärt hatte, die Leistung in Sachwerten und zwar auch in Coupons der wertbeständigen französischen Rente zu bedingen [8]).

III. So entschieden aber die französische Praxis die Valutaschutzklauseln grundsätzlich ablehnt, so nimmt sie doch den entgegengesetzten Standpunkt ein gegenüber den „règlements internationaux" („règlements extérieurs"). Bereits in dem viel erörterten Urteil vom 7. Juni 1920 [9]) hatte der Kassationshof eine amerikanische Versicherungsgesellschaft verurteilt, dem französischen Versicherten vereinbarungsgemäß eine Goldzahlung zu leisten, denn der Zwangskurs sei ausschließlich „fondé sur un intérêt national", und es liege nur im französischen Interesse, nach Frankreich Gold kommen zu lassen. Auch in der Folgezeit sind Goldklauseln ausländischer Schuldner immer wieder als rechtswirksam anerkannt worden [10]). Daß

---

1) App. Rouen (16. Nov. 1922) Dalloz pér. 1926 II 57.

2) Trib. civ. Nizza (18. Mai 1926) Sirey 1926 II 87.

3) Trib. civ. Roanne (26. Januar 1927) Gaz. Pal. 1927 I 624.

4) Trib. civ. Naval (19. Febr. 1927) Rev. dr. bancaire 1927 477.

5) Trib. comm. Algier (23. Juli 1926) Rev. dr. bancaire 1927 167.

6) Trib. civ. Auxerre (2. Febr. 1927) Gaz. Pal. 1927 I 710.

7) Unten S. 18 f.

8) Rev. dr. bancaire 1926, S. 352, 386, 388, 392 (Regierungserklärungen aus den Jahren 1925 und 1926).

9) Dalloz pér. 1920, I 137 = Journ. dr. int. 1920, 654. Derselbe Gedankengang taucht wieder auf bei dem Trib. civ. Valence (18. Jan. 1927) Gaz. Pal. 1927 II 31.

10) Z. B. Trib. civ. Seine (11. Dez. 1922) Journ. dr. int. 1923, 857 (Goldanleihe des kolumbischen Bundesstaates Antioquia), ebenso in II. Instanz

Verpflichtungen ausländischer Schuldner zur Entrichtung in fremder Währung rechtsbeständig seien, ist natürlich nie bezweifelt worden[1]; Streitigkeiten entstanden nur, soweit der Schuldner auf Grund einer „alternativen Währungsklausel" — unten S. 68 ff. — in Anspruch nahm, Franken zahlen zu dürfen[2]. Was die Verpflichtung französischer Schuldner gegenüber den Ausländern betrifft, so hatte noch der Appellhof Aix in einem Urteil vom 23. November 1871 die wechselmäßige Goldschuld eines Franzosen gegenüber einem Ausländer als mit dem Zwangskurs unvereinbar für nichtig erklärt[3], und die eigentümliche Begründung des Kassationsurteils vom 7. Juni 1920 hätte der Festhaltung dieses Standpunktes vielleicht nicht im Wege gestanden. Aber die Praxis besann sich doch eines Besseren und entschied dahin, daß im Bereich der „règlements internationaux" der französische Goldschuldner, wenn auch nicht zur Leistung effektiven Goldes, so doch zur Leistung des Goldwerts verpflichtet sei[4] Ebenso wurden in internationalrechtlichen Fällen mehrfach Franzosen zur Zahlung in fremder Währung verurteilt[5], wobei starke Meinungsverschiedenheiten darüber auftraten, ob und wann der Gläubiger Anspruch auf die effektiven Devisen oder nur auf deren Gegenwert in Franken habe, und wie in letzterem Falle umzurechnen sei[6].

IV. Wirtschaftlich und psychologisch ist diese Rechtsprechung leicht zu erklären. Bei sinkendem Geldwert strebt die Staatsgewalt, als deren Organ sich selbstverständlich die Gerichte fühlen, notwendig dahin, mit allen Mitteln die Verwendung des

---

App. Paris (11. Juli 1924) Rev. dr. bancaire 1925, 472; Trib. civ. Grenoble (18. Juni 1925) Journ. dr. int. 1926, 355; Trib. civ. Seine (30. Dez. 1925 und 24. Febr. 1926) Journ. dr. int. 1926, 659 und 1927, 83 (letztere Entscheidung betrifft die Goldanleihe der Soc. du Port de Rosario).

[1]) Ausdrücklich in diesem Sinne Trib. comm. Narbonne (14. Febr. 1927) Dalloz hebd. 1927, 251.

[2]) Unten S. 71.

[3]) Dalloz pér. 1872 II 51.

[4]) App. Paris (21. Febr. 1925) Dalloz pér. 1925, II 115; (schweiz. francs-or); Trib. civ. Seine (8. März 1922) Rev. dr. bancaire 1923, 329; Trib. comm. Marseille (7. Dez. 1922) Journ. dr. int. 1923, 835. Cass. (23. Jan. 1924 Journ. dr. int. 1924, 685 erkennt die Gold-Silberklausel bei einer schweizerischen Hypothek auf einem elsässischen Grundstück an, läßt allerdings die Zahlung in Schweizer Franken zu.

[5]) App. Bordeaux (23. Mai 1921) Dalloz pér. 1923 II 6; App. Colmar (13. Nov. 1923) Rev. jur. d'Alsace et de Lorraine 1924, 122; App. Aix. (28. Mai 1926) Journ. dr. int. 1927, 90; Trib. civ. Seine (18. März 1924) Dalloz hebd. 1924, 324; (27. März 1924) Dalloz hebd. 1924, 325; Trib. civ. Sédan (29. Okt. 1926) Rev. dr. bancaire 1927, 181.

[6]) Unten S. 54 f, 59 ff.

nationalen Papiergeldes zu erzwingen — „une monnaie est une sorte de drapeau national", sagt Demogue[1]) — und ihm die Annahme unter möglichst günstigen Bedingungen zu sichern. Dazu gehört vor allem der Kampf gegen die „Repudiation" des Papiergeldes und gegen das Eindringen fremden Geldes in den inneren Verkehr. Valutaschutzklauseln, durch die sich der Gläubiger in guter Zeit gegen eine künftige Geldentwertung zu sichern gesucht hat, werden in diesem Zusammenhange als Versuche der einzelnen empfunden, sich den Folgen eines nationalen Unglücks auf Kosten anderer zu entziehen. Das alles führt zu einer ungünstigen Einstellung der Gerichte gegenüber den Valutaschutzklauseln. Andererseits drängt sich ihnen die Notwendigkeit auf, dem Zahlungsverkehr mit dem Ausland Freiheit zu lassen, weil sonst ausländische Waren und ausländischer Kredit nicht zu erhalten wären. Die undankbare Aufgabe, den Bedürfnissen der Wirtschaft Geltung zu verschaffen und sie zugleich richtig abzugrenzen, wurde in Deutschland während der Inflation von der Gesetzgebung übernommen. In Frankreich haben sich die Gerichte, ähnlich wie es in Deutschland auf dem Gebiete der Aufwertung geschehen ist, auf dem Gebiet der Valutaschutzklauseln in den Dienst der Wirtschaftspolitik gestellt. Infolge des außerrechtlichen Ursprungs dieser Judikatur ist die Begründung der maßgebenden Urteile — und hier haben wir eine weitere Ähnlichkeit mit der Aufwertungsrechtsprechung des Reichsgerichts[2]) — überaus mager. Man beschränkt sich auf die Erklärung, daß die Valutaschutzklauseln den Bestimmungen der Gesetze vom 12. August 1870 und 5. August 1914 über den Annahmezwang und den Zwangskurs der Banknoten, mithin Einrichtungen zuwiderliefen, die als Bestandteil des „ordre public" gemäß Art. 6 Cc. dem Einfluß privater Vereinbarungen entzogen seien.

V. Bei einer kritischen Würdigung dieses Standpunktes erscheint es schon zweifelhaft, ob auch nur die Goldmünzklausel mit dem Zwangskurs unverträglich ist. Jedenfalls gestattet Art. 1896/7 Cc. ausdrücklich das Darlehn in Barren (lingots). Eher ließe sich geltend machen, daß der Schuldner von der Leistung in Goldmünzen frei sei, wenn die Goldmünzen aus dem Verkehr verschwinden und deshalb tatsächlich nur mit unverhältnismäßigen Aufwendungen oder gar nur unter Verletzung eines gesetzlichen Agioverbots erhältlich sind. Darauf wird noch zurückzukommen sein. Indessen ist die Frage der Goldmünzklausel praktisch ziemlich be-

---

[1]) Journal des Notaires 1923, 101:

[2]) „Geld" 124 ff.

deutungslos, denn wenn der Schuldner die Münzen nicht in natura erbringen kann, so muß er nach dem Sinne des Vertrages, welcher doch der Sicherung des Gläubigers dienen soll, den Goldwert leisten, wie dies auch seitens der französischen Gerichte mehrfach als selbstverständlich unterstellt worden ist[1]). Die Verpflichtung aber, eine Summe in Franken zu zahlen, deren Höhe sich nach dem wechselnden Werte des Goldes, des Dollars u. dgl. bestimmt, ist mit dem Annahmezwang für Papiergeld natürlich vollkommen verträglich, weil sie nichts daran ändert, daß der Gläubiger die Banknoten gemäß der gesetzlichen Vorschrift zu ihrem Nennwert nehmen muß. Die Aufhebung des Einlösungszwanges für die Banknoten (cours forcé) vermag an diesem Ergebnis nichts zu ändern, da sie nur die Beziehungen zwischen dem Noteninhaber und der Notenbank beeinflußt. Was die Schulden in fremder Währung anlangt, so werden diese durch C. comm. 143 für das Wechselrecht ausdrücklich anerkannt, und selbst wenn man es ablehnt, daraus weitergehende Schlüsse zu ziehen, so bliebe doch immer die Abrede einer den Devisenkursen folgenden Frankenzahlung zulässig.

Mit der Zulassung der Goldwert- und Valutawertklauseln wäre aber den Bedürfnissen der Gläubiger im wesentlichen gedient. Infolgedessen haben auch die weitaus meisten französischen Schriftsteller, insbesondere diejenigen, die sich eingehender mit dem Problem beschäftigt haben, wie Mestre-James, Gény, Champcommunal, Schkaff, Niboyet, Mater[2]), aber auch z.B. Planiol[3]) und Ripert[4]) sich gegen die herrschende Praxis ausgesprochen. Die Verteidiger sind z.T. folgewidrig wie Capitant[5]), der die häufigen Zusagen der Pächter, die Pacht, in Korn u. dgl. zu leisten, zulassen will, obwohl sie, wie er anerkennt, tatsächlich zur Zahlung eines entsprechenden Gegenwerts in Geld führen; aber er meint, daß der Richter nicht „die Gewissen zu erforschen habe" (muß der Richter dies nicht immer tun, wenn der Einwand der

---

[1]) Z. B. Cass. (23. Jan. 1924) Journ. dr. int. 1924, 685; App. Paris (11. Juli 1924) Rev. dr. bancaire 1925, 472; Trib. civ. Seine (4. Nov. 1925) Journ. dr. int. 1926, 659. Ebenso Mestre-James a. a. O. 138; Champcommunal Ann. dr. comm. 1926, 93, und außerhalb Frankreichs: Ob. Ger. Hof Brünn in dem Urteil vom 7. März 1922 (mitgeteilt von Sedlacek in „Zeitschrift f. Ostrecht" 1927, 348 sowie L. Mossa, Riv. dir. comm. 1923, 607).

[2]) Siehe oben S. 13.

[3]) Traité élément. de dr. civ. [10](1926), II Nr. 424—426.

[4]) Im „Sémaphore de Marseille" vom 25. Aug. und 1. Sept. 1925, zitiert bei Mestre-James 151.

[5]) Dalloz hebd. 1926, 33 ff.

Gesetzesumgehung erhoben wird?). Ähnlich Nogaro[1]), der im Anschluß an Demogue[2]) ganz prinzipwidrig die Indexklausel bei langfristigen Verträgen zulassen will, und dessen Argumente sich überhaupt wesentlich auf wirtschaftlichem Gebiet bewegen, ähnlich wie diejenigen von Jèze[3]), der wenigstens offen zugibt, daß die juristischen Argumente für die Ungültigkeit der Klauseln ohne großen Wert seien.

VI. Aber auch das Leben selbst übernahm die Widerlegung der falschen Theorie, indem es die Gerichte vor Situationen stellte, aus denen es keinen Ausweg mehr gab als Rückzug und Verwirrung, Ist nämlich die Valutaschutzklausel nichtig, so muß der ganze Vertrag nichtig sein. Denn es ist natürlich für den Gläubiger wesentlich, ob er den vollen ihm zugesicherten Betrag erhält oder einen geringeren, vielleicht einen Bruchteil. Was sollte nun aber aus den zahllosen Miet- und Pachtverträgen werden, von denen die ersteren zum großen Teil, die letzteren wohl überwiegend eine von den Kontrahenten gutgläubig vereinbarte Schutzklausel enthielten? Unter dem Druck der tatsächlichen Verhältnisse haben die Gerichte in einzelnen Fällen solche Verträge trotz der Ungültigkeit der Valutaschutzklausel für gültig erklärt mit der anscheinend auf Lalou[4]) zurückgehenden Begründung, die Klausel sei nur eine „Modalität" (modalité simple[5]), während allerdings meist die Nichtigkeit des ganzen Vertrages angenommen wurde, teils ohne weiteres, teils mit Hilfe des sonderbaren Arguments, daß in diesen Fällen die Schutzklausel nicht nur eine Modalität sei, sondern „den Preis selbst affiziere"[6])! Über die Unhaltbarkeit dieser Unterscheidung,

---

[1]) Rev. trim. dr. civ. 1925, 5 ff.

[2]) Journal des Notaires 1923, 101; Demogue will sogar die Abrede der Zahlung in fremder Währung mit einem unbestimmten Vorbehalt für den Fall des Mißbrauchs gestatten. Dagegen mit Recht Gény, Rev. trim. dr. civ. 1926, 625.

[3]) „La Monnaie de paiement dans les contrats entre particuliers et dans les emprunts publics d'Etat" (Paris 1924, zitiert bei J. Hildenfinger 38 und Schkaff 158).

[4]) Dalloz pér. 1924 II 22.

[5]) Trib. civ. Melun (5. Juni 1924) Rev. dr. bancaire 1926, 350; Trib. civ. Chateaudun (26. Juni 1925) Rev. dr. bacaire 1926, 351; Trib. civ. Nizza (18. Mai 1926) Rev. dr. bancaire 1926, 396.

[6]) Trib. civ. Belfort (10. März 1926) Rev. dr. bancaire 1926, 392; Trib. civ. Melun (5. Nov. 1926) Dalloz hebd. 1926), 559; zahlreiche weitere Entscheidungen über den Einfluß der ungültigen Valutaschutzklausel auf den Bestand des Vertrages stellt das „Repertoire universel" in dem halbjährlichen Anhang zur „Gazette du Palais" erstes Halbjahr 1927 bei dem Stichwort „Paiement" unter C. zusammen.

die namentlich Gény [1]) und Capitant [2]) bekämpft haben, ist kein Wort zu verlieren. Am klügsten hielt es der Appelhof Colmar, welcher in einer Grundbuchsache die Entscheidung als die einer „Tatfrage“ dem Unterrichter zuschob [3]). Im übrigen hat man die nachteiligen Folgen der Modalitätstheorie für den Vermieter noch dadurch abzuschwächen gesucht, daß man dem Vermieter den Rücktritt vom Vertrage wegen der gerichtlichen Nichtanerkennung der Goldklausel offen hielt [4]).

VII. Ebenso schwierig erwies sich das Problem, das der internationale Rechtsverkehr den Gerichten stellte. Um die auf diesem Gebiete getroffenen Valutaschutzklauseln unangetastet zu lassen, bot sich als bequemste Begründung die Theorie dar, daß der Zwangskurs der französischen Banknoten, aus welchem die Ungültigkeit der Schutzklauseln abgeleitet wird, nur bis zu den Grenzen Frankreichs reiche. Der Satz läßt jedoch in der Praxis verschiedene Deutungen zu. Demogue will z. B. allen in Frankreich ansässigen Schuldnern und nur ihnen den Vorteil des cours forcé und damit die Befreiung von der Valutaschutzklausel zuwenden[5]). Das ist natürlich unannehmbar. Meist fragt man — soweit das Problem überhaupt scharf gestellt wird — ob der Erfüllungsort (lieu de payement) in Frankreich liege. Aus diesem Gesichtspunkt hat z. B. der Appellhof Paris die von einer italienischen Versicherungsgesellschaft gegenüber französischen Eheleuten übernommene Goldklausel für nichtig erklärt, weil die Versicherungsgesellschaft in Frankreich zu leisten hatte [6]). Ebenso wurde die bekannte englische Hotelgesellschaft Ritz von ihrer gegenüber dem Crédit foncier ehrenwörtlich übernommenen Verpflichtung befreit, die Miete für ein französisches Grundstück in Gold oder Silber zu zahlen [7]). Umgekehrt versagte der Appellhof Paris einem Engländer, welcher der Firma G. H. Mumm & Co. in Reims durch einen in Frankfurt a. M.

---

[1]) A. a. O. 575 f.

[2]) Dalloz hebd. 1927, 1 ff.

[3]) Urteil vom 10. März 1926 Rev. jur. d'Alsace et de Lorraine 1926, 444.

[4]) App. Paris (22. Febr. 1924) Journ. dr. int. 1924, 691; Mestre-James 109 f.

[5]) Journ. des Notaires 1921, 138 und 1923, 98. Wie Demogue schon Lyon-Caen Sirey 1920 I 193.

[6]) App. Paris (31. Dez. 1926) Journ. dr. int. 1927, 104; anders Trib. civ. Valence (18. Jan. 1927) Gaz. Pal. 1927 II 31. Picard hat Journ. dr. int. 1927, 34 ff. der Bekämpfung des erstgenannten Urteils eine eigene Abhandlung gewidmet, die jedoch nicht überzeugt. P. berücksichtigt nicht den von dem Gericht ausdrücklich hervorgehobenen Umstand, daß der Vertrag durch die Pariser Niederlassung der Gesellschaft abgeschlossen war.

[7]) Trib. civ. Seine (6. April 1927) Gaz. Pal. 1927 I 750.

geschlossenen, auf Gold französischer Währung [1]) lautenden Vertrag ein Darlehen zugebilligt hatte, den Anspruch auf den Goldwert, weil die Zahlung von Kapital und Zinsen — verklagt war das Office des biens et intérêts privés als Rechtsnachfolgerin der Firma Mumm — in Frankreich zu erfolgen hatte [2]). Die Schwäche dieser Theorie liegt darin, daß der Zahlungsort (Erfüllungsort im Rechtssinne) bei Geldschulden von sehr geringer Bedeutung ist [3]) und von der freien Vereinbarung der Parteien abhängt, während es sich hier um Vorschriften des ordre public handeln soll.

Der Erlaß des Justizministers [4]) geht denn auch einen anderen Weg: die Valutaschutzklauseln sollen zulässig sein, wenn der Vertrag letzten Endes (finalement) zu einer nach dem Wechselkurs sich regelnden Zahlung von Land zu Land führt. Diese von Nogaro [5]) begründete und von Capitant [6]) geteilte Auffassung wird auch von Picard [7]) für die vom Standpunkt der herrschenden Lehre aus allein mögliche gehalten. Damit wird ein rein wirtschaftlicher, schwer faßbarer und außerhalb der Vereinbarungen liegender Umstand zum Kriterium einer folgenschweren Unterscheidung erhoben, die z. B. für den ausländischen Gläubiger, der den Betrag aus irgendeinem Grunde im Inlande empfangen will, sehr unbefriedigend ist. Der Minister ist aber auch nicht konsequent, denn er will „solche Forderungen wie aus Verkauf oder Vermietung französischer Grundstücke" ein für alle Mal als transactions intérieurs behandelt wissen. Dieser Auffassung entsprechend hat der Cassationshof neuerdings einen zwischen einem Engländer und einem Franzosen über ein französisches (algerisches) Grundstück in £ geschlossenen Mietsvertrag, auf Grund dessen die Zahlung der Miete nach Wahl des Gläubigers in Algier oder London erfolgen sollte, für ungültig erklärt und zwar mit einer zugleich die Goldklausel treffenden Begründung [8]). Hier soll es also nicht darauf ankommen, ob der Vertrag letzten Endes zu einer den Wechselkurs berührenden Zahlung führt. Es ist klar, daß die in dem ministeriellen Erlaß statuierte, äußerst unbestimmt gehaltene Ausnahme mit der theoretischen Grundlage des Erlasses unvereinbar ist. Der

---

1) In dem französischen Urteilstext steht „Gold französischer Wert".
2) App. Paris (16. April 1926) Journ. dr. int. 1926, 972.
3) „Geld" 74, 190.
4) S. oben S. 13.
5) Rev. trim. dr. civ. 1925, 23 ff.
6) Dalloz hebd. 1926, 33 ff.
7) Journ. dr. int. 1927, 34.
8) Cass. (17. Mai 1927) Dalloz hebd. 1927, 333.

Erlaß steht auch mit der Praxis keineswegs in Einklang. In dieser Hinsicht sei etwa auf den oben erwähnten Fall der italienischen Versicherungsgesellschaft und denjenigen der Firma Mumm hingewiesen. Auch tritt in der neueren Praxis die entschiedene Neigung hervor, französischen Importeuren und Verkaufskommissionären gegenüber ihren französischen Kunden, also bei rein inländischen Zahlungsvorgängen, ein Recht auf Ausbedingung fremder Währung zuzugestehen [1]).

Im Ganzen ermangelt die französische Rechtsprechung, die von den französischen Schriftstellern selbst in verschiedenem Sinne ausgelegt wird [2]), eines festen Prinzips. Sie legt zwar —, was beim Vertragsschluß mit französischen Kontrahenten jedenfalls zu beachten ist — auf die Lage des Zahlungsortes Gewicht [3]), behält sich aber beim Vorliegen irgendwelcher internationalen „Elemente" des Vertrages vor, die Gültigkeit der Währungsschutzklausel auf Grund einer freien Würdigung des Sachverhaltes zu gewähren oder zu versagen. Es ist daher zu verstehen, daß angesehene Schriftsteller wie Mestre-James [4]) Picard [5]), Niboyet [6]) und Champcommunal [7]) die herrschende Praxis gerade auch wegen der Verschwommenheit des Begriffes der règlements extérieurs ablehnen.

VIII. Unterzieht man diesen Stand der Dinge einer kritischen Würdigung vom Standpunkt der internationalen Rechtsbeziehungen, so kann das Urteil nicht günstig ausfallen. Auch abgesehen von der befremdenden Äußerung in dem Urteil des Kassationshofs, welcher internationale geldrechtliche Abmachungen unter dem Gesichtspunkt des „nationalen Interesses" gewürdigt sehen will, ist eine Unklarheit entstanden, die den internationalen Ver-

---

[1]) App. Aix (24. Mai 1926) Rev. dr. bancaire 1927, 223; App. Agen (14. Febr. 1927) Journ. dr. int. 1927, 1084; Trib. comm. Issoudun (11. März 1927) Journ. dr. int. 1927, 703; im Prinzip auch App. Agen (31. Januar 1927) Dalloz hebd. 1927, 156; anders App. Pau. (26. Juli 1926) Journ. dr. int. 1927, 99. Die im Journ. dr. int. 1927, 1083 ff. mitgeteilten Entscheidungen App. Dijon (27. Mai 1927), App. Poitiers (4. Juli 1927); App. Bordeaux (12. Juli 1927) haben es wohl nicht mit Inlandsgeschäften zu tun; leider sind die Auszüge, auf welche sich der Abdruck beschränkt, sehr unvollkommen.

[2]) Mater, La monnaie 192 deutet sie gar dahin, daß der Zwangskurs dem Franzosen gegenüber dem Ausländer unbedingt zugute kommt. Vgl. auch Mestre-James oben S. 14 Anm. 2.

[3]) Daher empfiehlt Charpentier, Journ. des Sociétés 46, 417 ff. den Zahlungsort für Anleihen, die auf fremde Währung lauten, in das Ausland zu verlegen.

[4]) a. a. O. 99.

[5]) Journ. dr. int. 1927, 34.

[6]) Rev. dr. int. privé 1925, 161 ff.

[7]) Ann. dr. comm. 1926, 93 ff.

kehr belastet und durch wohlmeinende ministerielle Rundschreiben, die mit dem wirklichen Stand der Rechtsprechung nicht im Einklang sind, eher erhöht als verringert wird. Davon abgesehen ist die Usurpierung der Problemlösung durch die richterliche Gewalt vom international-rechtlichen Standpunkt grundsätzlich unerwünscht. Erläßt ein Staat Gesetze, durch welche in die Rechte fremder Gläubiger eingegriffen wird, so sind das Maßnahmen der politischen Gewalt, für welche der Staat, wenn die Machtverhältnisse es gestatten, leicht völkerrechtlich verantwortlich gemacht werden kann[1]). Das hat Deutschland in dem Goldhypothekenstreit mit der Schweiz erfahren müssen, der durch die Bundesratsverordnung vom 28. September 1914 über die Aufhebung der Goldklausel hervorgerufen war[2]). Entwickelt sich aber eine dem Ausländer schädliche auf allgemeine Rechtsgrundsätze gestützte Gerichtspraxis, so kann und muß die beteiligte Regierung sich auf die Unabhängigkeit der Gerichte berufen, und es wird damit jedwede Haftbarmachung praktisch unmöglich[3]).

IX. Die Bedenken gegen die französische Rechtsprechung sind so schwer, daß auch in der Einflußsphäre des französischen Rechts die Gerichte der anderen Länder dem französischen Beispiel nicht gefolgt sind. So ist in Belgien, das durch Verordnung vom 2. August 1914 den Annahmezwang für die uneinlöslichen Banknoten „nonobstant toute convention contraire" vorgeschrieben hatte[4]),

---

[1]) Vgl. den Fall Guatemala „Geld" 179.

[2]) „Geld" 183 ff. Es mag hier erwähnt werden, daß meine Kritik des Abkommens (besonders „Recht und Wirtschaft" 1921, 50 ff.) sich durch den Gang der Ereignisse als vollkommen berechtigt erwiesen hat. Die schweizerischen Goldhypothekengläubiger haben volle 100% erhalten, während alle anderen Goldgläubiger einschließlich der nicht schweizerischen Ausländer sich mit 25% begnügen mußten; ja das Reich hat schließlich — ein beispielloser Vorgang — zur Durchführung des Abkommens deutsche Gläubiger enteignen und die Entschädigungen aus eigenen Mitteln bereitstellen müssen. Vgl. R. Ges. vom 23. Juni 1923 RGBl. 1923, II 284 §§ 4 ff. Ebenso mußten die deutschen Länder zugunster der schweizerischen Gläubiger auf Teile des Aufkommens aus der Hauszinssteuer Verzicht leisten, vgl. die preuß. Hauszinssteuerverordnung vom 2. Juli 1926 Ges.-S. 123 § 4 Abs. 2 und dazu Surén und von Heusinger, Die Hauszinssteuer in Preußen (1926) S. 70 ff., 208 ff. Von anderen, wirtschaftlich geringfügigeren Eingriffen in die deutsche Rechtsordnung sei hier geschwiegen. Die außerdeutschen Verordnungen, durch welche in Goldklauseln eingegriffen wurde, sind allenthalben unangefochten geblieben!

[3]) Vgl. z. B. Oppenheim-Roxburgh, International Law³, I (1920) § 162, S. 253; Visscher, La Responsabilité des Etats in der „Bibliotheca Visseriana" II 5, S. 101.

[4]) Unten Anhang unter A 1.

gleichwohl die Gültigkeit der nachher vereinbarten Valutaschutzklauseln — abgesehen von der Goldmünzklausel [1]) — anerkannt worden [2]). Auch die ägyptischen Gemischten Schiedsgerichtshöfe haben die Goldklausel zugelassen und ihr Anwendungsgebiet sogar weit ausgedehnt [3]). Ebenso hat sich der türkische Kassationshof für die Gültigkeit der Goldklauseln ausgesprochen [4]).

In Italien war die gesetzliche Grundlage insofern eine besondere, als Art. 1822 des ital. Cc. die Gültigkeit von Gold- und Silberschulden bei Darlehen ausdrücklich anerkennt, wenigstens für den Fall, daß Gold oder Silber vom Gläubiger hingegeben war. Auch sind hier frühere gesetzliche Verbote der Valutaschutzklauseln aufgehoben worden. Vor allem haben die Verordnungen der Nachkriegszeit, die die Rechte der Gläubiger aus Vorkriegsgoldklauseln einschränkten [5]), dadurch grundsätzlich die Gesetzmäßigkeit der Goldklauseln anerkannt. Daher hat die italienische Doktrin von wenigen Ausnahmen abgesehen der französischen die Gefolgschaft versagt [6]). Der italienische Cassationshof hat neuestens im Hinblick auf den Art. 1822 die Gültigkeit der Goldklausel bei Darlehen auf den Fall beschränkt, daß die Valuta in Gold oder auf Goldbasis hingegeben wurde [7]). Immerhin besteht auch in der Praxis an der grundsätzlichen Gültigkeit der Goldklausel kein Zweifel [8]), und der Cassationshof zeigt sich bestrebt, die gesetzlichen Einschränkungen der Vorkriegsgoldklauseln restriktiv zu interpretieren [9]).

Eine den Valutaschutzklauseln grundsätzlich ungünstige Richtung hatte vorübergehend während der zweiten Hälfte des

---

[1]) App. Gent (27. Jan. 1926) Sirey 1927, IV 1.

[2]) Trib. civ. Brüssel (25. Juli 1925; 16. Februar 1927; 6. April 1927) Rev. dr. bancaire 1927, S. 313, 319, 322; Trib. civ. Verviers (20. Jan. 1926) Sirey 1927 IV 2. Vgl. auch Gény Rev. trim. dr. civ. 1926, 630 ff., der jedoch die neueste Entwicklung noch nicht berücksichtigt.

[3]) App. Alexandria (30. März 1922 und 4. Juni 1925) Rev. dr. bancaire 1923, 439 und 1925, 505.

[4]) Türk. Cass. (24. Juli 1924) Journ. dr. int. 1925, 492.

[5]) Vgl. Anhang unter A 2.

[6]) „Geld" 174 Anm. 4.

[7]) Ital. Cass. (8. Juli 1927) Monitore dei Tribunali 1927, 846; für uneingeschränkte Gültigkeit der Klausel, App. Mailand (6. August 1927) Monitore dei Tribunali 1927, 812.

[8]) Vgl. App. Genua (2. Juli 1926) Foro Ital. 1927 I 115.

[9]) Ital. Cass. (21. Dez. 1923, 19. Okt. 1923, 22. Jan. 1924) Il Foro delle Nuove Provincie Bd. 3, S. 387, Bd. 4, S. 134, 142. Insbesondere soll nach der ersten Entscheidung der Gläubiger ein Anrecht auf den Lirebetrag haben, der dem Kurs des Zeitpunktes der Fälligkeit entspricht.

19. Jahrhunderts in Österreich geherrscht [1]). Sonst aber ist die Gültigkeit der Klausel aus dem Gesichtspunkt des Zwangskurses nirgends ernstlich in Zweifel gezogen worden. Das ist auch der Standpunkt der tschechoslowakischen Praxis [2]). Besondere Anerkennung und Begünstigung haben die Schutzklauseln in der Rechtsprechung der Vereinigten Staaten gefunden [3]).

§ 2.

Die Auslegung der Valutaschutzklauseln.

I. Die Berufung auf den Zwangskurs ist ein bewußtes und offenes Mittel zur Bekämpfung der Valutaschutzklauseln. Daneben stehen den Gerichten noch andere Methoden zur Verfügung, die demselben Zweck dienen, und in denen sich mehr die unbewußte Abneigung gegen die Klauseln auswirkt. Es ist insbesondere begreiflich, daß die Gerichte im Falle eines Währungsverfalls dahin streben, Vereinbarungen unter den Angehörigen eines durch den Währungsverfall betroffenen Landes tunlichst in dem Sinne auszulegen, daß nur inländische Währung geschuldet wird. Es sei gestattet, hier zunächst einige Fälle zu wiederholen, über welche ich bereits in meinem „Geld" S. 198 und S. 161 berichtet habe. Ein Offizier der Hamburg-Amerika-Linie hatte vor dem Kriege im amerikanischen Fahrdienst Verwendung gefunden und sein Gehalt in Dollar bezogen. Nachdem Amerika in den Krieg eingetreten war, wurde er vom Feinde interniert. Bezüglich der Gehaltzahlung vereinbarten darauf die Parteien, daß dem Offizier für die Internierungszeit ein Teil seines Gehalts gutgeschrieben und nach Kriegsende zur Auszahlung gebracht werden sollte. Obwohl das Gehalt in Dollar bestimmt war, nahm das Hanseatische Oberlandesgericht nur eine Markschuld unter Umrechnung auf den Tag der Gutschrift hauptsächlich deshalb an, weil es sich lediglich um ein Entgegenkommen der Rhederei gehandelt habe, das billigerweise nicht in einem ihr ungünstigen Sinne ausgelegt werden dürfte [4]). Dasselbe Gericht hatte über einen Streit zwischen einem Deutschen, der 1917 in Belgien tätig gewesen war, und einer deutschen Bankfirma zu entscheiden, bei deren belgischer Filiale der Deutsche damals einen Markbetrag eingezahlt hatte. Obwohl der Betrag dem Kunden mit seiner Zustimmung auf Frankenkonto gutge-

[1]) „Geld" 175.
[2]) Nachweisungen bei Sedlacek Zeitschr. f. Ostrecht 1927, 346ff.
[3]) „Geld" 175, vgl. auch unten S. 35.
[4]) Urteil vom 6. Dez. 1921 Hanseatische Gerichtszeitung 1922, 181.

schrieben worden war, wurde die Bank lediglich zur Rückzahlung in Mark nach dem Kurse der Einzahlungszeit verurteilt, weil die Bank auch nur Mark erhalten habe [1]). Man kann hier nach den Umständen des Falles wohl annehmen, daß die Bank gegenüber dem Kläger ein Währungsrisiko nicht übernehmen wollte. Nicht mehr zu rechtfertigen ist dagegen m. E. die Entscheidung des Reichsgerichts in einem Streit zwischen zwei in Dar-es-Salaam ansässig gewesenen Deutschen, die noch nach der englischen Besetzung einen Mietsvertrag in Rupien miteinander abgeschlossen hatten. Dieser wurde vom Reichsgericht in einen Markvertrag umgedeutet [2]). Um sodann einige Beispiele aus der ausländischen Judikatur zu geben, so hat der Österreichische Oberste Gerichtshof es nach der vollständigen Entwertung der österreichischen Krone in einem Urteil vom 6. Oktober 1926 abgelehnt, in der Bestimmung eines Wiener Hauskaufvertrages aus dem Jahre 1861 „*der Kaufpreis ist zu entrichten in der österreichischen Währung, von welcher 45 Silberguldenstücke aus einem Zollpfund Silbers in einer Schwere von 500 Gramm geprägt werden*" die Vereinbarung der Leistung des Silberwerts zu erblicken [3]). Noch erstaunlicher ist es, daß der Oberste Gerichtshof in Brünn in der folgenden Bestimmung eines ländlichen Pachtvertrages keine Schutzklausel erblicken wollte: „*Der Pachtschilling wurde in der durch das Gesetz vom 2. August 1892, RGBl. Nr. 126, eingeführten Kronenwährung vereinbart, wonach aus 1 kg Feingold 3280* K *geprägt werden, und deshalb sind die Pächter für den Fall der Einführung einer anderen Währung oder einer anderen Münzzahl verpflichtet, den Pachtschilling in einem Betrage abzuführen, der dem vereinbarten Pachtschillingsbetrage der bezeichneten Prägung entspricht, und zwar auch dann, wenn durch das Gesetz eine andere Grundlage für die Umrechnung älterer Verbindlichkeiten eingeführt wurde, allerdings in den dann geltenden gesetzlichen Zahlungsmitteln.*" Die Rechte eines ausländischen Gläubigers (einer Schweizer Bank) wurden betroffen durch das Urteil des französischen Kassationshofs vom 11. Januar 1926 in einer elsaß-lothringischen Hypothekenangelegenheit [5]). Die Schutzklausel der aus deutscher Zeit stammenden Hypothekenurkunde lautete in der französischen Übersetzung (die deutsche Fassung wird nicht mitgeteilt): X Mark „*en bonnes espèces ayant cours de monnaie impériale allemande*". Diese Abrede wurde von

[1]) Urteil vom 30. Mai 1922 Hanseatische Gerichtszeitung 1922, 169.
[2]) Urteil vom 8. April 1924 Leipziger Zeitschrift 1924, 588.
[3]) Urteil vom 6. Oktober 1926 „Rechtsprechung" 8, 185.
[4]) Urteil vom 24. März 1926 Zeitschr. f. Ostrecht 1927, 349f.
[5]) Urteil vom 11. Jan. 1926 Journ. dr. int. 1926, 441.

dem Berufungsgericht unter Billigung des Kassationshofes im Wege der Auslegung für wirkungslos erklärt, obschon unter bonnes espèces nur vollwertige Münzen verstanden werden können. Am sonderbarsten ist aber wohl das Urteil des Tribunal Superieur Colmar, welches eine einwandfreie hypothekarische Goldklausel deshalb für ungültig erklärte, weil sie nur eine „formule de redaction et de pur style" sei. Es handelte sich hier um einen elsässischen Gläubiger, der die Hypothek nach dem Waffenstillstand von einem Deutschen erworben hatte[1]).

II. Einen anderen Weg hat die Rechtsprechung des Reichsgerichts eingeschlagen, indem sie auf Grund einer verfehlten, buchstäblichen Auslegung des § 245 BGB. hypothekarischen Goldklauseln, die nach dem Kriegsausbruch vereinbart worden waren, die Bedeutung abgesprochen hat[2]). Dabei spielte die Auslegungsfrage insofern eine Rolle, als die Zusage der Zahlung „in deutscher Goldwährung" oder „in Gold" als reine Goldmünzklausel ohne Wertsicherungscharakter aufgefaßt wurde. Die Unhaltbarkeit dieser Auffassung der Klausel habe ich „Geld" S. 84, 182 dargetan und nehme auf die dortigen Ausführungen Bezug[3]). Nachzutragen ist, daß das Reichsgericht sein unhaltbares Ergebnis durch das Zugeständnis einer verstärkten Aufwertung zu mildern gesucht hat[4]), das jedoch infolge des Aufwertungsgesetzes vom 16. Juli 1925 (§§ 4 ff) gegenstandlos geworden ist. Der Auffassung des Reichsgerichts angeschlossen hat sich der Schweizerische Bundesrat als oberste Instanz des Schweizerischen Grundbuchwesens in einem Bescheide vom 15. Januar 1924[5]).

Daß übrigens der Fehler der logischen Gleichsetzung von Geldwert und Goldstückwert bei ungebrochener Goldwährung nicht fernliegt, zeigt auch das in ganz anderem Zusammenhange ergangene Urteil des Obersten Gerichtshofs (Supreme Court) von Illinois[6]). Hier hatte sich der Beklagte gegenüber einer Forderung auf Zahlung

---

[1]) Urteil vom 20. Nov. 1921 Rev. jur. d'Alsace et de Lorraine 1922, 98; vgl. auch Urteil vom 17. Jan. 1923 Rev. jur. 1923, 256. Derselbe verfehlte Gedanke in dem einen innerfranzösischen Fall betreffenden Urteil des Trib. civ. Seine (6. April 1927) Gaz. Pal. 1927, I 750.

[2]) RG. (11. Jan. 1922) 103, 384; (1. März 1924) 107, 371 (24. Mai 1924); 108, 176.

[3]) Vgl. wegen der ausländischen Judikatur und Literatur unten S. 35 Anm. 1.

[4]) In den beiden Entscheidungen von 1924.

[5]) Schweizerische Juristenzeitung XX 309.

[6]) Urteil vom 11. Okt. 1893 i. S. Belford v. Woodward 41, Northeastern Reporter 1097.

von Dollar in Goldmünzen darauf berufen, daß der Kläger nicht eine „*sum certain*" geltend mache, wie dies nach englisch-amerikanischer Auffassung für die Verurteilung erforderlich sei [1]). Das Gericht wies jedoch den Einwand mit der Begründung zurück, es handele sich nicht um ein „*unliquidated amount*", sondern um eine reine Geldschuld („*direct payment of money*").

III. In manchen Ländern läuft nun der Tendenz zur restriktiven Auslegung der Schutzklauseln eine andere entgegen, die bei Verpflichtungen von Ausländern der Unterstellung solcher Klauseln günstig ist. Der bedenklichste Fall dieser Art betrifft die Suezkanal-Gesellschaft, die sich in französischen Händen befindet und ihren Verwaltungssitz in Paris, den statutarischen Sitz (siège social) in Kairo hat. Bei Gründung der Gesellschaft (1856) bestand für den französischen Goldfranken Annahmezwang in Ägypten, den er bis 1885 behielt [2]). Der Tarif für die Kanaldurchfahrt wurde von Anfang an in Franken festgesetzt. 1918 ging die Gesellschaft dazu über, die Zahlung in „ägyptischen Franken", d. h. Goldfranken zu fordern. Obwohl in dem Tarif eine Goldklausel nicht ausdrücklich vorgesehen war, gab ihr der Appellhof Paris in einem Urteil vom 14. Februar 1924 Recht [3]). Als aber Obligationäre der Gesellschaft, deren Schuldverschreibungen gleichfalls auf „Franken" lauteten, den Goldwert verlangten, wurden sie von dem Tribunal civil de la Seine in einem Urteil vom 1. April 1925 mit einer zwar sehr ausführlichen, aber wenig überzeugenden Begründung zurückgewiesen [4]). Dabei mußte das Gericht feststellen, daß es sich rechtlich um eine ägyptische Gesellschaft handele, und mangels der Vereinbarung eines besonderen Zahlungsortes nach allgemeinen Rechtsgrundsätzen der „siège social" Kairo als Erfüllungsort gelten müßte. Dieser Judikatur ist auch aus den Kreisen der französischen Wissenschaft scharf widersprochen worden [5]). Das Berufungsgericht der ägyptischen Gemichten Schiedsgerichtshöfe in Alexandria hat sich in einer sorgfältig begründeten Entscheidung [6]) auf die Seite der Obligationäre gestellt. Die Gesellschaft

---

[1]) „Geld" 218 f.

[2]) Näheres in dem Urteil des App. Alexandria (4. Juni 1925) Rev. dr. bancaire 1925, 505 ff. (S. 509).

[3]) App. Paris (15. Juli 1924) Journ. dr. int. 1924, 688, ebenso schon Trib. civ. Seine (7. Febr. 1922) Journ. dr. int. 1922, 693.

[4]) Trib. civ. Seine (1. April 1925) Journ. dr. int. 1925, 1023.

[5]) Mestre-James 104.

[6]) Oben Note 2.

selbst hat es daraufhin vorgezogen, den Obligationären durch Rundschreiben die Zahlung in Goldfranken zuzugestehen [1]).

§ 3.

Valutaschutzklauseln und Gesetzgebung.

Weitere Gefahren drohen den Schutzklauseln von der Seite der Gesetzgebung. Sobald eine Währung Verfallerscheinungen zeigt, pflegen sich gesetzgeberische Stützungsversuche einzustellen, die übrigens, wie schon angedeutet, den Eingriffen der Rechtsprechung auf diesem komplizierten und gefahrenreichen Gebiete bei weitem vorzuziehen sind. Die gesetzgeberischen Maßnahmen richten sich zum Teil unmittelbar gegen den Bestand der Abreden, insbesondere der Goldklauseln. Der Weltkrieg und seine Nachwirkungen haben außer in Deutschland derartige Versuche hervorgerufen in Belgien, Bulgarien, Griechenland, Italien, Norwegen, Rumänien, Serbien und Ungarn; Österreich hat nur Vergeltungsbestimmungen getroffen. Der Zweck dieser Gesetze, die in dem Anhange unter A wiedergegeben sind, ist der Schuldnerschutz. Dazu kommen bei kritischer Entwicklung der valutarischen Verhältnisse die unmittelbar dem Schutz des staatlichen Geldwesens dienenden Vorschriften, insbesondere solche gegen die Verwendung von Geld fremder Währung (Devisengesetzgebung), gegen die Kapitalflucht, gegen die Ausfuhr und das Einschmelzen von Gold usw. Auch hieraus können sich Rückwirkungen auf die Durchführung bestehender Valutaschutzklauseln ergeben. Sie sind aber weniger tiefgreifend, weil nicht unmittelbar auf Beeinträchtigung der Gläubigerrechte gerichtet, auch pflegen sie vorübergehender Art zu sein. Immerhin muß der Gläubiger gerade für den Fall, in welchem die Schutzklauseln ihre Wirkung entfalten sollen, mit schädigenden oder störenden Maßnahmen der Gesetzgebung rechnen. Bisweilen versuchen die Gläubiger dagegen Vorkehrungen zu treffen, indem sie die Schuldner im Voraus auf alle Einwendungen aus einer künftigen Gesetzgebung ausdrücklich Verzicht leisten lassen [2]). Aber derartige Verzichte bieten, weil gegen zwingende Vorschriften gerichtet, wenig Hoffnung auf richterliche Anerkennung. Bessere Aussichten hat, wie die S. 20 bei Anm. 4 erörterte Entscheidung des Appel-

---

[1]) Mestre-James a. a. O. 106.

[2]) In dem Fall des Trib. civ. Seine (6. April 1927) Gaz. Pal. 1927, I 750 oben S. 20 sogar ehrenwörtlich! Vgl. ferner z. B. App. Gent (27. Jan. 1926) Sirey 1927, IV 1.

hofs Paris zeigt, der vertragliche Vorbehalt des Rechts der Kündigung oder des Rücktritts für den Fall, daß die Valutaschutzklausel gerichtlich für wirkungslos erklärt oder durch gesetzliche Maßnahmen beeinträchtigt werden sollte. Im Anschluß daran wären zweckmäßig die Folgen der Kündigung oder des Rücktritts genauer zu regeln. Natürlich hat ein solcher Vorbehalt nur beschränkten Wert, aber er könnte doch z. B. dem Gläubiger die Möglichkeit geben, sofort Pfänder zu verwerten, gegen Bürgen vorzugehen und dgl.

Im allgemeinen werden durch die gesetzlichen Eingriffe in die Schutzklauseln die in- und ausländischen Gläubiger nicht nur der Form, sondern auch der Sache nach gleichmäßig getroffen. Es gibt aber Ausnahmen, so die italienischen Verordnungen vom 7. März und 18. April 1920[1]), die sich der Sache nach vorzugsweise gegen ausländische Gläubiger richten. Auch ist es möglich, daß die Rechtsprechung im Wege der Auslegung die durch den gesetzlichen Eingriff geschaffene Erleichterung ausländischen Schuldnern vorenthält. So hat der rumänische Kassationshof bei den auf Goldfranken lautenden Lebensversicherungsverträgen zwischen Rumänen und österreichischen Versicherungsgesellschaften das rumänische Gesetz vom 21. Dezember 1916 über die Aufhebung der Goldklauseln nicht zur Anwendung gebracht, weil es sich um Franken, nicht um Lei handele[2]); es ist aber offenbar, daß das Gesetz in dieser Hinsicht nicht unterscheidet[3]). Ein Eingriff die die Rechte der österreichischen Schuldner liegt hier allerdings nicht vor, da die Goldklausel grundsätzlich und auch nach geltendem österreichischem Recht[4]) als wirksam anzusehen ist.

II. Kapitel.

Die Valutaschutzklauseln im einzelnen.

A. Goldklauseln.

§ 4.

Goldmünzklauseln.

I. Bei der Erörterung der einz lnen Valutaschutzklauseln ist mit der Goldklausel als der weitaus wichtigsten zu beginnen.

---

[1]) Vergl. den Anhang unter A 2.

[2]) Urteil des Rum. Cassationshofs vom 29. Sept, 1925 Zeitschr. f. Ostrecht 1927, 600 mit Anm. von Schwefelberg.

[3]) Vergl. den Anhang unter A 5a.

[4]) Oben S. 25.

Es ist dies die Vereinbarung, daß der Schuldner den bedungenen Geldbetrag in Gold oder nach dem Goldwert zu leisten habe. Im 19. Jahrhundert sind Silberklauseln und gemischte Silbergoldklauseln („zahlbar in Silber oder Gold" und dgl.) sowohl in Europa wie in den Vereinigten Staaten [1]) häufig vereinbart worden, und sie kommen auch heute noch bisweilen zur Kognition der Gerichte [2]). Doch soll hier auf diese Fälle, die ganz nach dem Vorbilde der Goldklauseln zu behandeln sind, nicht näher eingegangen werden. Für die Gegenwart sind sie wegen der starken Schwankungen des Silberwertes unbrauchbar. Dagegen hat der Goldwert nach Überwindung der Kriegs- und ersten Nachkriegszeit eine bemerkenswerte Stabilität wiedergewonnen. Während Gelehrte von Weltruf teils ein Sinken, teils ein Steigen des gelben Metalls voraussagten, ist die Wirklichkeit den dritten Weg gegangen. Die Praxis ist daher allgemein zu der Vorkriegsauffassung zurückgekehrt, welche in dem Gold den besten aller Wertmesser erblickte, und zwar ebensowohl wegen der Wertbeständigkeit in der Zeit, wie wegen der einheitlichen Geltung des Goldwerts im Raume. Da aber das Sicherungsbedürfnis ein stärkeres geworden ist als vor dem Kriege, so haben auch die Goldklauseln ein noch größeres Anwendungsgebiet erlangt.

II. Die Goldklausel tritt vorzugsweise als Goldmünzklausel (clause-or) oder als Goldwertklausel (clause valeur or) auf, je nachdem sich der Schuldner zur Leistung von Goldmünzen oder zur Leistung des Goldes in Geldzeichen einer gegebenen Währung, regelmäßig derjenigen seines Landes verpflichtet [3]). Vor dem Kriege bediente man sich gewöhnlich der Goldmünzklausel, die dem Anschein nach dem Gläubiger die größte Sicherheit bot. Besonders war im östlichen Mittelmeergebiet die Vereinbarung von Schuldbeträgen in franc-or, d. h. in französischen Goldfranken sehr verbreitet [4]). Häufig war auch die Abrede der Zahlung in Goldpesos,

[1]) Hier ist daher eine alte und umfangreiche Judikatur über Silber- und Goldklauseln vorhanden, vgl. S. 35 Anm. 5.

[2]) Vgl. die oben S. 26 angeführte österr. Entsch. Eine Silberklausel aus dem Jahre 1831 *(„zu zahlen in Talern unter Ausschluß allen Papiergeldes")* liegt ferner zugrunde dem bei Mügel, „Das gesamte Aufwertungsrecht", 5. Aufl. 1927 S. 337 zitierten Urteil des RG. vom 5. Jan. 1926. Ebenso bezieht sich das Urteil vom 4. Mai 1927 Jur W 1927, 1821 auf eine Talerklausel.

[3]) Die Ausdrücke „Goldmünzklausel und Goldwertklausel" sind vom Reichsgericht zuerst verwendet in den Urteilen vom 18. Dez. 1920, Bd. 101. 141 und vom 11. Jan. 1922, Bd. 103, 384.

[4]) Näheres „Geld" 168. Neuerdings wollen Mestre - James (S. 20) die Klausel „franc or" als bloße Wertklausel deuten aus dem Bestreben heraus, sie den Zweifeln über die Gültigkeit der Goldmünzklausel zu entziehen.

Goldrubeln usw. Die Entgoldung des Zahlungsverkehrs nach dem Kriege hat zur Folge gehabt, daß die Goldmünzklausel im weitesten Umfang durch die Goldwertklausel abgelöst worden ist. Nur die Geldgeber aus den Vereinigten Staaten haben, und zwar im Verkehr mit dem Auslande durchgehends, im inneren Verkehr überwiegend an der Goldmünzklausel in der typischen Form „x *Dollar gold coin of the U. S. of the present standard of weight and fineness*" festgehalten. Hier ist also — vom Schuldner aus gesehen — die Goldklausel verkoppelt mit der Vereinbarung fremder Währung. Die amerikanische Klausel ist überdies insofern besonderer Art, als sie sich dem älteren Typ der Goldschuld nähert, der, unmittelbar auf ein bestimmtes Gewicht und einen bestimmten Feingehalt der Münzen gerichtet, seit dem späten Mittelalter bis ins 18. Jahrhundert hinein in Deutschland weit verbreitet war, und an welchen noch der Code civil Art. 1896/97 und ähnliche Vorschriften anderer Gesetze erinnern. Derartige Goldbarren- oder Goldmengenklauseln dienten damals zum Schutze gegen die berüchtigte Münzverschlechterungspraxis der fürstlichen Regalherren. Sie haben ihre Bedeutung eingebüßt, seitdem jene groben Formen der Zwangsanleihe durch die feineren inflatorischen ersetzt worden sind. Die bloße Verpflichtung zur Leistung einer bestimmten Gewichtsmenge Feingold würde nicht unter den Begriff der Goldklausel in dem oben angegebenen Sinne fallen; sie wäre nicht nach den Grundsätzen der Geldschuld, sondern eher nach denen des Goldhandels zu beurteilen. Näheres wegen der amerikanischen Goldklausel unten S. 72 ff.

III. Um nun zu der Goldmünzschuld und der Goldwertschuld zurückzukehren, so sind diese in ihrer rechtlichen Struktur wesentlich verschieden. Die Goldwertschuld ist eine r e i n e Geldschuld (sogenannten „Geldsummenschuld"), deren Höhe noch nicht feststeht, sondern von dem wechselnden Goldwert abhängt. Die Goldmünzklausel gibt dagegen dem Gläubiger ein Anrecht auf eine bestimmte Geldsorte einer gegebenen Währung. Sie begründet daher eine „Geldsortenschuld", d. h. eine qualifizierte Geldschuld; der Gegenstand der Leistung wird der Art nach nicht mehr allein durch die Währungsgesetzgebung bestimmt, sondern innerhalb des Rahmens der Währungsgesetzgebung treffen die Parteien eine engere Wahl unter den vorhandenen Geldtypen. Dagegen handelt es sich sowohl bei der Goldmünzschuld wie bei der Goldwertschuld um „Geld"schulden, im Gegensatz zu den Goldmengenschulden, auf deren Inhalt die Währungsgesetzgebung ohne allen Einfluß ist.

IV. Praktisch kann zunächst ein Vorteil der Goldmünzklausel darin erblickt werden, daß sie — ganz unzweifelhaft ist die Frage allerdings nicht — hinsichtlich des in der Urkunde genannten festen Geldbetrages die Vorteile genießt, welche die Gesetzgebung den ziffermäßig bestimmten Geldforderungen zuwendet. So kann nach einer alten und festen deutschen Praxis die durch Goldmünzklausel gesicherte Forderung in der Form der vollstreckbaren Urkunde (ZPO. 794 Ziff. 5) aufgenommen werden, wenn auch freilich nur in dem Sinne, daß die Vollstreckung aus der Urkunde wegen des in ihr angegebenen bestimmten Reichsmarkbetrages (früher Markbetrages) erfolgen darf [1]). Folgerecht dürfte anzunehmen sein, daß die Goldmünzklausel einem Urkundenprozeß (ZPO 592), einem Mahnverfahren (ZPO 688) und in Österreich einem Mandatsprozeß (öst. ZPO 548) nicht entgegensteht. Für das anglo-amerikanische Recht ist darauf hinzuweisen, daß hier der wichtige Begriff der „debt" auf bestimmte Geldschulden beschränkt ist [2]). Indessen läßt sich der Goldwertklausel durch besondere Gestaltung gleichfalls der Charakter der Bestimmtheit verleihen, indem für die Leistung des Schuldners ein fester Mindestnennbetrag vereinbart wird (z. B. „1000 Goldmark, mindestens aber 1000 Reichsmark" vgl. unten S. 51). Die Parteien denken, wenn sie die Goldmünzklausel verabreden, auch wohl weniger an die Vorteile der „Bestimmtheit" als an andere Folgen. Namentlich wird man prima facie einen Vorteil der Goldmünzklausel darin erblicken, daß dem Gläubiger die Wertbeständigkeit der erhaltenen Leistung noch über den Augenblick des Empfangs hinaus gewährleistet wird, während er bei der Goldwertschuld das Risiko einer Entwertung der Währung des empfangenen Geldbetrages bis zu dem Zeitpunkt läuft, in welchem er den Geldbetrag verwertet. Das ist praktisch hauptsächlich für den ausländischen Gläubiger von Bedeutung, der den erhaltenen Betrag in heimisches Geld umwechseln will. Andererseits trifft natürlich bei der Goldmünzschuld den Gläubiger die Gefahr eines nach dem Empfang der Münzen eintretenden Rückganges des Goldwerts. Weiter sind Goldmünzen im internationalen Verkehr zum Teil schlechter verwertbar als Papiergeld. Schließlich können auch unter Umständen durch Goldmünzen Lagerungs- und Transportkosten entstehen. Aber im ganzen treten diese Nachteile doch so stark zurück, daß noch ein Vorteil für den Gläubiger übrig zu bleiben scheint.

---

1) „Geld" 82.

2) „Geld" 79, Anm. 5; vgl. auch Rabel, Rechtsvergleichung bei den Gemischten Schiedsgerichtshöfen (1923) 51.

V. Indessen ergibt sich bei genauerer Prüfung doch ein anderes Bild.

Denn praktische Bedeutung kann die Goldmünzklausel nur dann erlangen, wenn die vertragliche Währung unter die Goldparität sinkt. In diesem Falle ist aber, worauf bereits Gény[1]) hingewiesen hat, damit zu rechnen, daß die Ausfuhr der Goldmünzen und der Agiohandel[2]) untersagt werden. Das haben die Ereignisse des Weltkrieges zur Genüge gezeigt. In England, wo man die Einlöslichkeit der Banknoten gesetzlich bestehen ließ[3]), hat der moralisch-gesellschaftliche Druck[4]) gleichfalls ausgereicht, um die Einlösung der Banknoten und den Agiohandel zu verhindern. Schon danach ist es zweifelhaft, ob dem Gläubiger mit den Goldmünzen gedient sein würde, und ob er nicht bei der Goldwertklausel besser fährt. Vor allem aber ist es fraglich, ob die Klausel in dem vorausgesetzten Falle rechtlich standhält. So findet sich in dem Teile der französischen Literatur, der den bekannten Standpunkt der französischen Gerichte mißbilligt, doch vielfach die Ansicht, daß jedenfalls die Goldmünzklausel mit dem Zwangskurs der Banknoten nicht zu vereinen sei[5]). Noch gewichtiger ist das Bedenken, ob sich der Schuldner, wenn die Goldmünzen aus dem Verkehr verschwinden, nicht auf unverschuldete Unmöglichkeit, imprévision[6]), oder ähnliche Gesichtspunkte berufen kann[7]). Das ist vor allem dann zu befürchten, wenn dem Schuldner infolge eines rechtlichen oder moralischen Agio-

---

[1]) Rev. trim. dr. civ. 1926, 566.

[2]) So die deutsche Verordn. vom 23. November 1924 RGBl. 481; die österreichische vom 27. März 1915 RGBl. 154; das französische Gesetz vom 12. Februar 1916 Rev. dr. bancaire 1923, 203. Über das englische Agioverbot von 1811 „Geld" 132. Vgl. auch Trib. civ. Grenoble (18. Juni 1925) Journ. dr. int. 1926. 355.

[3]) Infolgedessen blieben die Noten der Bank of England „legal tender", vgl. „Bank of England Act 1833", sect. 6 (Chittys Statutes I 660). — Die Gold Standard Act. 1925 sect. 1 (Chittys Statutes 1925, 755) hat die Einlösungspflicht grundsätzlich außer Kraft gesetzt, die Bank muß aber auf Verlangen Goldmengen von 400 Unzen (= 12,44 kg = 34 712 RM.) gegen Banknoten verkaufen (sect. 2). Insofern ist die Goldwährung doch ein wenig eingeschränkt.

[4]) Vgl. „Currencies after war" (herausgegeb. vom Völkerbund 1920) 137, 143. — Im Kassenraum der Bank of England war, wenn ich recht unterrichtet bin, ein Plakat angeschlagen: „Unpatriotisch handelt, wer Gold abhebt" Das genügte.

[5]) So z. B. Champcommunal, Niboyet, Planiol, und im Jahre 1871 de Folleville (zitiert bei Mestre-James 81); ebenso in der niederländischen Literatur Libourel, vgl. „Geld" 174, Anm. 5.

[6]) Vgl. z. B. Planiol, Traité élément. II[10] (1926) Nr. 1168 bis; hinsichtlich des engl. Rechts, das einen strengen Standpunkt einnimmt, Urteil des House of Lords i. S. Tamplin v. Anglo Mexican Co. 1916 2 AC 403.

[7]) So auch Lalou Dalloz pér. 1924 II, 21.

handelsverbots ein einwandfreier Erwerb von Goldmünzen unmöglich sein würde. Fällt aber die Gold m ü n z klausel, so ist die große Gefahr, daß die Gerichte es ablehnen, dem Gläubiger im Wege der Auslegung das Anrecht auf den Goldw e r t zuzugestehen. In dieser Hinsicht ist namentlich auf die Stellungnahme des Reichsgerichts und des Schweizerischen Bundesrats (oben S. 27 hinzuweisen). Der letztere gibt sogar unter Berufung auf Enneccerus, Bürgerliches Recht § 231 I b, der Meinung Ausdruck, daß die im Ernstfall eintretende Wirkungslosigkeit der Goldmünzklausel „aus der Natur der Geldschuld" folge[1]).

VI. Wird aber selbst die Goldmünzklausel von dem Gericht anerkannt, so erheben sich neue Schwierigkeiten. Ich sehe hier von den praktisch ziemlich belanglosen Zweifeln ab, ob für eine Goldmünzforderung die allgemeinen Regeln des bürgerlichen Rechts über Geldschulden, z. B. hinsichtlich der Übersendungspflicht und der gesetzlichen Zinsen [2]) Anwendung zu finden haben oder nicht. Einschneidender sind die prozessualen, insbesondere die vollstreckungsrechtlichen Probleme. Für manche Rechte ist es zweifelhaft, ob Klage und Urteil überhaupt auf eine Goldleistung gestellt werden können und nicht vielmehr die Angabe einer bestimmt bezifferten Summe in der Währung des Gerichtsortes erforderlich ist. Die gleiche Frage ergibt sich für die Valutaschuld[3]), nur daß bei der Goldklausel die Ungewißheit der rechtlichen Beurteilung wesentlich größer ist. Anerkannt sind Verurteilung und Vollstreckung auf Grund von Goldmünzforderungen in den Vereinigten Staaten. Das ist insofern bemerkenswert, als die amerikanischen Gerichte an sich grundsätzlich nur Urteile auf bestimmte Dollarbeträge geben. Aber die Begünstigung der Goldklausel entspricht der amerikanischen Psyche, die in der Klausel nach dem „Help-Yourself"-Prinzip das geeignete Mittel gegen die Gefahren des Nominalismus erblickt. Daher hat schon das Oberste Bundesgericht in Washington sich für die Zulässigkeit und Vollstreckbarkeit von Golddollarurteilen ausgesprochen[4]). Zahlreiche gleichartige Entscheidungen oberster Staatengerichte sind vorangegangen und gefolgt[5]). In diesem Zu-

[1]) Schweizerische Juristenzeitung XX, 309. Auch das Urteil des franz. Cassationshofes vom 11. Februar 1873 oben S. 11 und des Appelhofes Gent vom 27. Jan. 1926 oben S. 24 Anm. 1 unterlassen die Prüfung der Frage, ob bei Ungültigkeit der Goldmünzschuld eine Goldwertschuld übrig bleibe.

[2]) „Geld" 72 ff.

[3]) Unten S. 56 ff.

[4]) Re Trebilcock v. Wilson (Dezember 1871) 79 U S Reports (12 Wallace) 687.

[5]) American Digest, Century Edition, verbo „Payment" § 42., Bd. 39 S. 63 ff.

sammenhang gehört auch das oben erwähnte Urteil des Obersten Gerichtshofs von Illinois. Englische Entscheidungen über die Goldklausel liegen nicht vor, da es nach englischer Auffassung verpönt ist, die Vollwertigkeit des £ in Zweifel zu ziehen, wie dies durch die Goldklausel geschehen würde[1]). Es ist daher unwahrscheinlich, daß englische Gerichte eine Verurteilung in „Goldpfunden" zulassen würden (bei ausländischer Währung findet eine Umrechnung in die englische statt, gleichviel ob eine Goldklausel vorhanden ist oder nicht)[2]). Nach deutschem Recht würde ein Urteil auf Zahlung von 1000 Reichsmark in Goldmünzen, oder, was heute praktisch wohl eher in Betracht käme, auf Zahlung von 1000 Dollar in Goldmünzen an sich zulässig sein, da das Erfordernis der „Bestimmtheit" des Klageantrages (§ 253 I Ziff. 2 ZPO.) von der Praxis in ziemlich weitherzigem Sinne aufgefaßt wird. Kann nun aber in solchem Falle überhaupt noch nach den Vorschriften über die Zwangsvollstreckung wegen Geldforderungen (§ 803 ff. ZPO.) vollstreckt werden? Man wird die Frage in dem Sinne bejahen dürfen, daß man es dem Gläubiger gestatten wird, lediglich wegen der in dem Schuldtitel bezeichneten Geldsumme zu vollstrecken[3]). Dann freilich ist die Münzklausel unnütz. Will aber der Gläubiger die Vollstreckung auf die Münzen richten, so würde nur das unpraktische Verfahren nach § 884 ZPO. (Vollstreckung auf Leistung einer bestimmten Quantität beweglicher Sachen) übrig bleiben. Pfenniger[4]), der die Frage für das schweizerische Recht untersucht hat, verweist den Gläubiger auf das kantonale Vollstreckungsrecht, da die schweizerische Bundesgesetzgebung sich auf die Vollstreckung wegen „Geldzahlungen" (Schuldbetreibungsgesetz vom 11. April 1889 Art. 38) beschränke. Wie aber auch das Verfahren vollstreckungstechnisch geordnet sein mag, jedenfalls kann die Vollstreckung, wenn bei dem Schuldner die nötige Menge der geschuldeten Goldmünzen nicht vorgefunden wird — und damit ist selbstverständlich zu rechnen —, immer nur darauf hinauslaufen, durch Verwertung des Schuldnervermögens eine Summe in der Währung des Vollstreckungsstaates herauszuholen. Sinkt oder steigt nun diese Valuta oder der Goldwert, so entsteht die Frage, zu welchem Wert die von dem Schuldner herausgeholten Beträge dem Gläubiger anzurechnen sind. Damit kommen wir auf dieselbe Problemstellung wie bei der Valutaschuld, nur wieder unter verschärfter Unsicherheit. Während beispielsweise jetzt in

---

1) „Geld" 132, 144.
2) „Geld" 218.
3) Oben S. 33.
4) Zeitschr. für Schweizerisches Recht 1926, 232.

der deutschen Theorie und Praxis feststeht, daß der Valutaschuldner, der in heimischer Währung bezahlt, den Kurs des Zahlungstages zugrunde legen muß, tritt ein so einflußreicher Schriftsteller wie Schlegelberger [1]) bei der Goldschuld für die Maßgeblichkeit des Fälligkeitstages ein.

VII. Nun ließe sich geltend machen, daß der Goldmünzgläubiger sich nötigenfalls die Goldmünzen im Wege des Deckungskaufs beschaffen und den Schuldner für den Preisunterschied haftbar machen könnte. Aber sobald man diese Möglichkeit durchdenkt, sieht man sich vor neue Zweifel gestellt. Hat der Münzgläubiger überhaupt ein solches Eindeckungsrecht oder besteht dieses nach Handelsbrauch nur für den Käufer von Goldmünzen[2])? Wird der Gläubiger den Kauf bei entwerteter Währung überhaupt tatsächlich ausführen können, und wird nicht in diesem Falle der Goldhandel unterbunden sein? Wäre der Gläubiger nicht, wenn er für die Goldmünzen einen unverhältnismäßigen Preis zahlen muß, Einwendungen des Schuldners ausgesetzt? Ist schon in allen diesen Beziehungen die Haltung der Gerichte schwer vorauszusehen, so liegt wohl die ärgste Unzuträglichkeit darin, daß mit der Eindeckung die durch die Goldmünzklausel gesicherte Forderung sich in eine ungesicherte verwandelt und der Gläubiger mithin von der Eindeckung an der Einwirkung des Zwangskurses preisgegeben ist, welcher er gerade zu entgehen wünschte.

VIII. Schließlich darf man bei der praktischen Würdigung der Goldmünzklausel nicht außer Acht lassen, daß sie ein bevorzugter Gegenstand gesetzgeberischer Krisenmaßnahmen ist. Die meisten der im Anhang wiedergegebenen Verordnungen und Gesetze beziehen sich auf die Goldmünzklauseln. Bei manchen ist die Frage zweifelhaft, so bei der deutschen Verordnung vom 28. September 1914. Aber auch hier hat das Reichsgericht erklärt, daß sie nur für Goldmünzklauseln gelte[3]). Ferner haben die belgischen Gerichte der Verordnung vom 2. August 1914 hinsichtlich der Goldmünzklauseln eine weitergehende Bedeutung beigelegt als hinsichtlich der anderen Schutzklauseln[4]). Die sonderbarste Erfahrung aber haben diejenigen Kreditgeber machen müssen, die sich griechischen

---

[1]) Gesetz über wertbeständige Hypotheken, 2. Aufl. (1924) 32.

[2]) Dem Valutagläubiger hat der österreichische Oberste Gerichtshof die Befugnis zur Eindeckung der geschuldeten Devisen abgeprochen, Urteile vom 28. Juni 1923 „Rechtsprechung" V, 320.

[3]) RG. (3. Dez. 1924) JurW. 1925, 1483.

[4]) Oben S. 24.

Schuldnern gegenüber eine Goldmünzklausel ausbedungen hatten. Die griechischen Gesetze über die Goldklausel werden nämlich von der griechischen Rechtsprechung dahin aufgefaßt, daß der Ausländer, der sich Gold-Pfund Sterling (oder Gold-Dollar) versprechen läßt, nur deren Vorkriegswert in Drachmen, d. h. den 15. Teil seiner ursprünglichen Forderung erhält, während ihm der volle Wert in Drachmen zum gegenwärtigen Kurse zugesprochen wird, wenn er lediglich in Pfund Sterling oder Dollar kontrahiert hat[1]). Hier ist also die Goldmünzklausel dem Gläubiger zum Nachteil ausgeschlagen.

Es mag sein, daß bei größerer Verbreitung der Goldwertklauseln künftige Gesetzgeber eher bereit sein werden, auch diese aufzuheben oder zu beschränken. Jedenfalls aber sind die Goldmünzklauseln nach geschichtlicher Erfahrung stärker gefährdet, weil hier die Rücksichten auf die Erhaltung der nationalen Goldreserven in Betracht kommen und die Belastung des Schuldners noch empfindlicher ist als bei der Goldwertklausel. Alles in allem glaube ich sonach nicht, daß die Goldmünzklausel dem Gläubiger vorteilhafter ist als die Goldwertklausel, ja die letztere dürfte sogar den Vorzug verdienen.

§ 5.
Goldwertklauseln im allgemeinen.

Die Goldwertklausel ist denn auch, wie schon erwähnt, heute die bei weitem vorwiegende Form der Goldklausel. In Deutschland hat sie sich während der Inflation weit verbreitet, und zwar in der Form der „Goldmark"-Abrede. Bei dieser Goldmark war und ist — anders wie beim franc or, Goldpeso, Goldrubel usw. — nicht an den Wert bestimmter Münzen gedacht, sondern es handelt sich hier um eine bloße Wertrechnungseinheit[2]). Der Vergleichspunkt mit der Berechnung nach Goldfranken usw. liegt darin, daß die Preisbestimmung nicht unmittelbar nach Gewichtsteilen Gold erfolgte, sondern den Gewohnheiten und Notwendigkeiten des täglichen Lebens entsprechend im Anschluß an das deutsche Münzgesetz von 1873 derart, daß man als Einheit der neuen Wertrechnung die gesetzliche Goldparität der Mark, also den jeweiligen Wert von $^1/_{2790}$ kg Gold wählte. Seit der Stabilisierung der deutschen Währung und insbesondere seit der Einführung der Reichsmark ist die Verwendung der Goldmark im inneren Verkehr stark zurück-

[1]) Vgl. die von Ténékidès im Journ. dr. int. 1926, 1084 ff., insbesondere S. 1087 mitgeteilten Entscheidungen.

[2]) „Geld" 90.

gegangen und beschränkt sich hier wesentlich auf gewisse langfristige Geschäfte, hauptsächlich Hypotheken, Pfandbriefe, sonstige Anleihen und Versicherungen. Immerhin ist absolut genommen das inländische Anwendungsgebiet der Goldmark noch sehr groß. Auch im internationalen Verkehr wird von ihr bisweilen Gebrauch gemacht, soweit nicht die Gläubiger, wie es insbesondere für die amerikanischen Kreditgeber zutrifft, andere Formen des Währungsschutzes vorziehen.

Doch begegnet auch die Goldwertklausel gewissen Schwierigkeiten, die sie übrigens mit der Goldmünzklausel teilt. Abgesehen von den weiterhin zu erörternden Zweifeln bezüglich des Stichtages für den Goldwert sind Beständigkeit und Einheitlichkeit auch des Goldwerts doch nur relativ. Die Preise sind in einem gegebenen Zeitpunkt nicht in allen Ländern ganz die gleichen, sonst gäbe es keine Goldarbitrage. Ja es ließe sich eine vollkommene Gleichheit mangels eines einheitlichen Wertmaßes überhaupt nicht feststellen. Nicht einmal für den einzelnen Tag und Goldhandelsplatz gibt es darin eine absolute Präzision. In Deutschland sind Goldpreisnotierungen, denen irgendwelche Autorität zugesprochen werden könnte, überhaupt nicht mehr vorhanden. Auch die Londoner Goldpreise beruhen auf privaten Notierungen; von sachverständiger Seite wird mir gesagt, daß der eigentliche Handel nur am Dienstag stattfindet und die Notierungen der anderen Tage mehr formaler Art sind [1]). So gering nun die Differenzen an sich sein mögen, so können sie bei den großen Summen, um die es sich bei den goldgesicherten Geschäften häufig handelt, namentlich auch bei Anleihen, sich sehr wohl fühlbar machen. Es ist daher begreiflich, daß die Geschäftspraxis und die ihr folgende Gesetzgebung bestimmte Methoden zur Feststellung des Goldwertes auszuarbeiten suchen.

Soweit ich sehe, vollzieht sich diese Entwicklung vorerst nur in Deutschland als eine Begleiterscheinung der Anstrengungen, die gerade unser Vaterland zur Wiederherstellung seines inneren und äußeren Kredits unternehmen muß. Dabei ist man auch in juristisch-technischer Hinsicht erheblich vorwärtsgekommen. Das wirre Durcheinander der Inflationszeit ist beseitigt, und man hat sich dem Ziele der Einheitlichkeit und Klarheit hinsichtlich der Goldwertklauseln bedeutend genähert. Ganz verschwunden ist die sogenannte „Steuergoldmark" der Jahre 1923/1924, deren jeweiliger Wert einfach auf rechtsverbindlicher Festsetzung des Reichsfinanzministers beruhte, und die übrigens auch außerhalb des Steuer-

---

[1]) Vgl. dazu unten S. 41.

rechts Verwendung fand [1]). Sehr gering geworden ist ferner das Anwendungsgebiet der „Dollargoldmark", worunter der jeweilige Reichsmarkwert von $^{10}/_{42}$ U. S.-Dollar verstanden wird [2]). Allerdings hat die Verordnung über Goldmarkwechsel und -schecks vom 6. Februar 1924 RGBl. I 50 diesen Goldmarkbegriff übernommen und ihn dadurch für einige Zeit am Leben erhalten. Aber wir müssen die Dollargoldmark hier schon deshalb beiseite lassen, weil sie in Wirklichkeit nicht eine Gold-, sondern eine Valutawertklausel [3]) darstellt. Als wirkliche Goldmark kann nur die sogenannte Feingoldmark gelten, bei welcher unmittelbar der jeweilige Wert des Feingoldes zugrunde gelegt ist. Hier haben wir eine gesetzliche Regelung auf dem Gebiet des Hypothekenrechts. Das Reichsgesetz vom 23. Juni 1923 RGBl. I 407 hatte zunächst nur die Eintragung des Werts einer bestimmten Gewichtsmenge Feingold zugelassen. Die Verordnung vom 17. April 1924 RGBl. I 415 (im folgenden Goldmarkverordnung genannt) gestattete jedoch die Eintragung nach Goldmark, worunter der in Reichsmark zu zahlende Wert von $^{1}/_{2790}$ Kilogramm Gold verstanden wird. Für die Ermittlung des Wertes sind genaue Vorschriften getroffen, auf die noch zurückzukommen sein wird. Zunächst sei in tatsächlicher Hinsicht festgestellt, daß durch diese „Hypothekengoldmark" die Bezifferung der Hypothek nach Kilogramm und Gramm Feingold verdrängt worden ist; die ältere Form gehört im wesentlichen nur der Zeit zwischen dem 29. Juni 1923 und dem 17. April 1924 an. Die Goldmark ist aber auch außerhalb des Hypothekenwesens zur Herrschaft gelangt, besonders in Anleihen und Versicherungsverträgen. Die Hypothekengoldmark muß deshalb im Zweifel als gewollt gelten, wenn von Goldmark die Rede ist [4]). Daß eine auf Goldmark lautende grundbuchliche Eintragungsbewilligung im Zweifel auf die Hypothekengoldmark zu beziehen sei, hatte das Kammergericht bereits in einer Entscheidung vom 6. September 1924 [5]) ausgesprochen. Nur ganz vereinzelt kommen noch andere Typen der Feingoldmark vor, so bei Pfandbriefen und anderen Schuldverschreibungen, die vor der Verordnung vom 17. April 1924 ausgegeben wurden [6]). Besonderer Art ist die „Reparationsgold-

---

[1]) „Geld" 107, Anm. 3.

[2]) „Geld" 104.

[3]) Unten S. 54.

[4]) Bei Abfassung meines „Geldes" war noch die Dollargoldmark herrschend „Geld" S. 104.

[5]) Jur. W 1924, 2047.

[6]) Schlegelberger, Gesetz über wertbeständige Hypotheken, 2. Aufl. (1924), S. 85 erwähnt ältere Goldpfandbriefe der Preußischen Zentral-

mark", die im Dawesplan als Maßstab der deutschen Reparationsleistungen festgesetzt und aus dem Dawesplan in das Industriebelastungs- und das Reichsbahngesetz übergegangen ist [1]). Von allen diesen Besonderheiten werden wir im folgenden absehen und die Goldmark der Hypothekengoldmark gleichsetzen.

§ 6.
Goldmark und Goldhypothek.

Die Regelung der Goldmark ist ziemlich kompliziert ausgefallen. Man muß jedoch billigerweise anerkennen, daß die Schwierigkeiten zum größten Teil in der Sache selbst begründet waren.

I. Zunächst blieb schon wegen des Mangels einer zuverlässigen deutschen Goldpreisfeststellung dem deutschen Gesetzgeber nichts übrig, als sich einer ausländischen Notiz zu unterwerfen. Damit wurde zugleich dem ausländischen Kreditgeber eine besondere Sicherheit geboten. Man entschied sich für die Londoner Notiz, da trotz der durch den Weltkrieg hervorgerufenen Verlagerung der Goldbestände London der Haupthandelsplatz für Gold geblieben ist. Nun ist aber der Londoner Goldpreis in Deutschland nicht allgemein bekannt, er wird außerdem für Unzen in englischer Währung festgestellt. Daher bestimmt die Erste Durchführungsverordnung zu dem Gesetz über wertbeständige Hypotheken [2]) (§ 2), daß als amtlich festgestellter Preis für Feingold nur derjenige gelten solle, welcher von dem Reichswirtschaftsminister oder der von ihm bestimmten Stelle im Reichsanzeiger bekannt gegeben sei. Die Bekanntgabe ist der halbamtlichen Devisenbeschaffungsstelle G. m. b. H. übertragen worden mit der Maßgabe, daß sie in der Regel jeden Mittwoch im Reichsanzeiger erfolgen solle [3]). Man hat den Mittwoch gewählt, weil wie schon erwähnt, der Dienstag der Londoner Haupthandelstag für Gold ist. Der Preis wird noch am Dienstag nach Berlin telegraphiert und, auf das Gramm Gold umgerechnet, aber in Pence ausgedrückt, mit folgendem Zusatz veröffentlicht:

---

boden-Kredit A.-G. Auch sei noch die Goldmark der Rentenbankverordnung vom 15. Oktober 1923 RGBl. I 963, § 6 angeführt. Sie ist praktisch dadurch bedeutungslos geworden, daß für die Zahlung der Rentenbankzinsen die Reichsmark der Goldmark gleichgesetzt worden ist, vgl. „Geld" 106, Anm. 5.

[1]) Unteranlage I zu Anl. I des Londoner Schlußprotokolles RGBl. 1924 II 300, Kap. I, Ziff. 3; Industriebelastungsgesetz vom 30. August 1924 RGBl. 1924 II 257, § 10; Reichsbahngesetz vom gleichen Tage, RGBl. 1924 II 272, §46

[2]) Vom 29. Juni 1923 RGBl. 1923, I 482.

[3]) Vo. des Reichswirtschaftsministers vom 20. Juli 1923, Deutscher Reichsanzeiger vom 23. Juli 1923.

„Vorstehender Preis gilt für den Tag, an dem diese Bekanntmachung im Reichsanzeiger in Berlin erscheint, bis einschließlich des Tages, der einer im Reichsanzeiger erfolgten Neuveröffentlichung vorhergeht." Vom Mittwoch bis Dienstag gilt also jeweils der Preis des vorangehenden Dienstag. Es wird nicht etwa ein Durchschnittspreis berechnet. Die Londoner Notierung, auf welcher die deutschen amtlichen Veröffentlichungen beruhen, ist privater Art. Sie erfolgt durch die Firma N. M. Rothschild & Sons im Einvernehmen mit den Londoner Bullion Brokers. Der Preis liegt zwischen dem Ankaufs- und dem Verkaufspreis der Bank of England, welche durch der Gold Standard Act von 1925 mit £ 3. 17. 9. bzw. £ 3. 17. 10½ für die Unze Gold festgesetzt sind [1]). Der Reichswirtschaftsminister ist berechtigt, die Berechnungsmethode zu ändern, sofern er nur bei dem Londoner Goldpreis bleibt. Denkbar wäre z. B., daß in kritischen Zeiten die Bekanntmachungsperioden verkürzt würden. In rechtlicher Hinsicht ist jedenfalls daran festzuhalten, daß die amtliche Bekanntmachung des Londoner Goldpreises der richterlichen Nachprüfung entzogen ist. Die Verordnung vom 29. Juni 1923 betont dies noch durch die Wendung „als amtlich festgestellter Preis für Feingold gilt nur . . . . .". Weder kann also der Richter in eine Untersuchung darüber eintreten, ob die Devisenbeschaffungsstelle von einer unrichtigen Annahme ausgegangen ist, noch kann er vor allem Veränderungen des Marktpreises berücksichtigen, die seit dem letzten vor der betreffenden Periode liegenden Dienstag eingetreten sind.

II. Nun reicht aber die Feststellung des Londoner Goldpreises zur Ermittelung des Werts der Goldmark nicht aus, vielmehr müssen die pence erst in Reichsmark umgerechnet werden. Dies geschieht nach § 2 der Verordnung vom 29. Juni 1923 zum Mittelkurs der Berliner Börse. Mit diesem sprachlich nicht ganz zutreffenden Ausdruck ist die Mitte zwischen dem Geld- und Briefkurs gemeint. Denn an der Berliner Börse werden seit der Nachkriegszeit ausländische Zahlungsmittel in der Form der Gegenüberstellung je eines Brief- und Geldkurses notiert. In dieser Art gibt es jedoch zwei Mittelkurse, nämlich für Auszahlung London und für englische

---

[1]) Vgl. zum Vorstehenden William F. Spalding, The London money market, 3. Aufl., 1922, S. 170 ff.; Prenzel in Dierschke und Müller, Die Notenbanken der Welt (Berlin 1926), I 120 ff.; Koch, Der Londoner Goldverkehr 1905. Einige ergänzende Angaben verdanke ich dem zuständigen Reichsbankreferenten Herrn Dr. Prenzel. — Die Annahme Schlegelbergers a. a. O. 86, der Londoner Goldpreis stelle im allgemeinen den Ankaufspreis der Bank von England dar, trifft nicht zu.

Geldsorten (Valuten). Gemeint ist der Kurs für Auszahlung, der für Goldmark-Schuldtitel [1]) und sowie für die Reparationsgoldmark [2]) ausdrücklich als maßgebend erklärt ist. Überhaupt sind gesetzliche und vertragliche Bestimmungen im Zweifel auf den Auszahlungs-(Devisen-)Kurs, nicht auf den Valutakurs zu beziehen [3]). Die Folge der Umrechnung ist natürlich, daß ein Faktor, der nicht schlechthin als Funktion des Goldwertes anzusehen ist, in die Goldwertberechnung hineinkommt und diese bis zu einem gewissen Grade logisch denaturiert. Man könnte nun darauf hinweisen, daß in kritischen Zeiten Eingriffe des Staates oder der Reichsbank in die Kursbildung der Devisen möglich sind und dadurch die Goldwertfeststellung mittelbar der Gefahr einer gewissen Verfälschung ausgesetzt wäre. Praktische Bedeutung ist aber dem Einwand nicht beizumessen.

III. Die Hauptschwierigkeiten beginnen jedoch erst da, wo im Einzelfalle der konkrete Reichsmarkgegenwert der Goldmarkforderung berechnet werden soll. An sich müßte der Goldmarkgläubiger immer genau so viel Reichsmark erhalten, wie dem bedungenen Goldmarkbetrage am Zahlungstage entspricht. Nur wenn man diesen Grundsatz, der für den gleichliegenden Fall der Valutaschuld vom Reichsgericht und auch von den Gerichten der meisten andern Länder anerkannt wird [4]), festhält, sichert man dem Gläubiger wirklich das, was er erhalten soll. Nun ist es aber praktisch für die Beteiligten meist sehr schwierig, am Zahlungstag den Reichsmarkwert der Goldmark für diesen Tag selbst festzustellen. Es empfiehlt sich deshalb, einen früheren Stichtag zu vereinbaren, damit die Beteiligten schon vorher berechnen können, wieviel sie zu zahlen bzw. zu empfangen haben. Das gilt namentlich für die Bodenkreditinstitute. Diese müssen vor den Tagen, an denen Pfandbriefzinsen und -Kapitalien fällig werden, genau wissen, welche Beträge sie bereitzustellen haben, während die Hypothekenschuldner ihrerseits gewöhnlich erst einige Tage nach dem Fälligkeitstage — die Hypothekenschuldurkunden gewähren meist Respektfristen von 1 bis 2 Wochen — Zahlung leisten. Das Kursrisiko der Zwischenzeit zu tragen, kann aber den Instituten nicht zugemutet werden. Sie müssen deshalb den Stichtag in den Hypothekenschuldurkunden ebenso festsetzen wie in den Pfandbriefen. Gestattet man nun aber überhaupt die Vereinbarung eines Stichtages, also,

---

[1]) Verord. vom 27. Juni 1924 RGBl. 1924, I 660, art. I 1c;

[2]) Oben S. 41,

[3]) „Geld" S. 41.

[4]) Unten S. 60.

da es sich um Hypotheken handelt, die Vereinbarung eines dinglich wirksamen Stichtages, so gerät man in einen neuen Konflikt. Denn wenn der Reichsmarkwert der geschuldeten Leistung durch die Notierungen eines bestimmten Tages festgelegt ist, so ist die Leistung von diesem Tage ab als Reichsmarkleistung fixiert und fortan den Schwankungen des Reichsmarkwertes preisgegeben.

Die Schwierigkeit wird nun wesentlich erhöht durch die unglückliche Fassung der Durchführungsverordnung vom 29. Juni 1923. Um dies zu zeigen, müssen wir etwas weiter ausholen. Der Reichsmarkgegenwert einer bestimmten Goldmarksumme hängt von zwei Unbekannten ab, nämlich von dem Goldwert eines bestimmten Tages (G) und dem Berliner Pfund-Kurs eines bestimmten Tages (L). Die Formel für die Berechnung des Reichsmarkwertes der Goldmark habe ich in „Geld", S. 105 abgeleitet. Sie lautet wie folgt:

$$1 \text{ Goldmark} = \frac{5\,GL}{3348} \text{ Reichsmark}$$

Auf der rechten Seite der Gleichung stehen also nur zwei unbekannte Größen, für deren Ermittlung die Festlegung zweier Stichtage, nämlich des „Goldstichtages" und des „£-Stichtages" erforderlich und genügend ist. Unglücklicherweise aber kennt die Verordnung vom 29. Juni 1923 noch einen dritten Stichtag, nämlich den Tag, „der für die Berechnung der Kapitaltilgungs- und Zinsbeträge sowie der sonstigen Nebenleistungen maßgebend ist". Dieser „Leistungsstichtag", wie wir ihn nennen wollen, muß aber mit dem Zahlungstag identisch sein. Denn wenn ich einen Betrag schulde, so kann ich die endgültige Berechnung erst am Zahlungstage vornehmen, weil ich erst dann genau weiß, wieviel ich an Zinsen und andern Nebenleistungen schulde. Das ist aber eine Selbstverständlichkeit, der die Verordnung keinen Ausdruck zu geben brauchte. Wenn sie den „für die Berechnung der Kapitals- usw. Leistungen maßgebenden (nämlich nach dem Vertrage maßgebenden) Tag" besonders hervorhebt, so geschieht dies wohl aus dem Wunsch, auf die Möglichkeit besonderer Parteivereinbarungen hinzuweisen [1]). Aber dies war nicht notwendig, weil die Verschiebbarkeit des „Goldstichtages" und gegebenenfalls des „£-Stichtages" genügen. Der Erfolg der Aufstellung eines dritten Stichtages ist nur, daß eine empfindliche Unklarheit entstanden ist, deren Ursache in der Literatur nicht recht erkannt wird, und die daher zu

---

[1]) Vgl. Schlegelberger a. a. O., S. 87; Kammerger. (14. Febr. 1924) Jahrb. Entsch. fr. G. I 467.

dunklen und unfruchtbaren Erörterungen Anlaß gegeben hat [1]). Wir brauchen darauf um so weniger einzugehen, als die Praxis den Leistungsstichtag sozusagen ausgeschieden hat. Er findet nur hie und da eine rein formale Anwendung, durch welche die Unbrauchbarkeit des Begriffes am besten beleuchtet wird (unten IVb).

IV. Wir können uns daher auf die nähere Erörterung des Gold- und des £-Stichtages beschränken.

a) Welcher Goldstichtag im einzelnen entscheidend sein soll, sagt die Verordnung nicht. Offenbar soll sich hier der Wille der Parteien frei betätigen dürfen. Aber in vielen Fällen fehlt es an einer Vereinbarung. Auch bei den Aufwertungshypotheken, die nach dem Aufwertungsgesetz vom 16. Juli 1925 auf Goldmark lauten, ist über den Goldstichtag nichts gesagt. Beim Fehlen solcher Bestimmungen wird der letzte am Zahlungstage feststellbare amtliche Preis maßgebend sein müsse, weil damit das Ziel der Goldklausel am besten erreicht wird[2]).

b) Den £-Stichtag hat die Verordnung vom 9. Juni 1923 mit dem Leistungsstichtag derart verkoppelt, daß, kurz gesagt, der erstere der Vortag des letzteren ist. Es ergibt sich daher für die Kautelarjurisprudenz die Notwendigkeit da, wo sie den £-Stichtag abweichend von der Regel bestimmen will, dies auf dem Wege zu tun, daß sie den Tag, welcher dem in Aussicht genommenen folgt, als Leistungsstichtag bezeichnet. So heißt es z. B. in einer mir vorliegenden Hypothekenschuldurkunde: „*Die Bank ist berechtigt, für die Berechnung der Leistungen den zweiten auf den Tag des Eingangs der Zahlung folgenden Berliner Börsentag für maßgebend zu erklären. Die Umrechnung des Goldpreises erfolgt alsdann nach dem Mittelkurs für Auszahlung Berlin der letzten, diesem Stichtage vorangehenden Börse.*“ Zweck der Bestimmung ist lediglich die Verlegung des £-Stichtages auf den Tag nach der Zahlung, eine Vorschrift, die übrigens der dinglichen Wirksamkeit ermangelt [3]). Der Leistungsstichtag wird also lediglich als ein leerer Begriff, als eine bloße Hilfskonstruktion verwendet.

Fehlt eine solche mittelbare Vereinbarung über den £-Stichtag, so wird auch hier im Zweifel für die Umrechnung in Reichsmark der letzte am Zahlungstage bekannte Kurs, d. h. praktisch den Kurs des Vortages entscheidend sein müssen. Das ist im Ganzen auch

---

[1]) Auf dem richtigen Wege Schulze, Leipz. Ztschr. 1924, S. 565 ff.; 1925, S. 128 ff. Dort weitere Literatur.

[2]) Kammergericht (10. Nov. 1924) Jahrb. Entsch. fr. G. II 347; vgl. auch Beschl. desselben Gerichts vom 5. März 1925, OLGRspr. 44, 149.

[3]) Unten S. 47.

die Auffassung der Schriftsteller, die freilich in der Begründung sehr auseinandergehen. Damit wird zugleich die wünschenswerte Übereinstimmung mit den zivilprozessualen Bestimmungen über die Goldmark hergestellt. Nach der Verordnung vom 27. Juni 1924 (RGBl. 1924, I 660, abgeändert durch die 2. Durchführungsverordnung zum Reichsmünzgesetz vom 12. Dezember 1924 RGBl. I, 775, § 2) [1]) kann nämlich ein Schuldtitel statt auf Reichsmark auch auf Goldmark gestellt werden, und zwar entweder im Sinne der sogenannten Dollargoldmark [2]) oder aber in der Weise, daß als Goldmark der amtlich festgestellte Preis von $^1/_{2790}$ kg Feingold bezeichnet wird. Die Verordnung vom 27. Juni 1924 nimmt hierbei ausdrücklich Bezug auf § 2 Satz 1 der Verordnung vom 29. Juni 1923 (oben S. 41 bei Anm. 2) und fährt dann fort: „Die Umrechnung der Goldmark in Reichsmark erfolgt nach dem Mittelkurs, der auf Grund der amtlichen Berliner Notierung des dem Tage der Zahlung vorangehenden Börsentages für Auszahlung London berechnet wird." Das würde also mit dem oben Ausgeführten übereinstimmen.

Aber die Verordnung vom 27. Juni 1924 gibt Anlaß zu einer wichtigen anderen Frage, die im Schrifttum merkwürdigerweise bisher übersehen ist, nämlich ob eine mittelbare Verschiebung des £-Stichtages überhaupt mit dinglicher Wirkung vereinbart werden kann. Darf nämlich ein Schuldtitel nur auf eine solche Goldmark lauten, wie sie in der Verordnung vom 27. Juni 1924 definiert ist, so kann ein Schuldner nicht zur Zahlung in einer anderen willkürlich gestalteten Goldmark verurteilt werden, namentlich kann auch wegen einer solchen Goldmarkforderung keine Zwangsvollstreckung in das Grundstück stattfinden. Damit wäre möglicherweise der Bestand solcher Goldmarkhypotheken, bei welchen der Stichtag abweichend von der Verordnung vom 27. Juni 1924 bestimmt ist, in Frage gestellt. Mindestens müßte in solchem Fall eine Unterwerfung des Eigentümers unter die sofortige Zwangsvollstreckung (§ 794 Ziff. 5 Satz 2 ZPO.) als wirksam angesehen werden. Vielleicht kann man die Verordnung vom 27. Juni 1924 zur Not so deuten, daß Schuldtitel über andere Goldmarktypen zugelassen werden sollen, soweit diese durch das Gesetz über die wertbeständigen Hypotheken und dessen

---

[1]) Vgl. Schulz a. a. O.; Predari in Gruchots Beiträgen 67, 238; Bourier, D. Not. Z. 1924, 303; Staudinger-Kober BGB. 9. Aufl. III (1926) 2 g zu § 1115; Güthe-Triebel, Grundbuchordnung, 4. Aufl. (1925) II, 1855. A. M. Schlegelberger a. a. O. 32.

[2]) In Ausführung der Bekanntmachung zur Entlastung der Gerichte vom 13. Mai 1924, RGBl. I 553, § 9, I.

Durchführungsverordnungen gedeckt werden [1]). Aber darüber läßt sich sehr streiten, und es wäre im Interesse des Realkredits gelegen, wenn man die Verordnung vom 27. Juni 1924 mit Wirkung für die bereits vorliegenden Schuldtitel so ändern würde, daß kein Zweifel mehr übrig bleibt.

c) Bedenken können schließlich noch aus § 6 des Gesetzes über die wertbeständigen Hypotheken insofern hergeleitet werden, als hier ganz allgemein bestimmt wird, daß im Teilungsplan der Zwangsversteigerung (ZVG. 106) die dem Gläubiger der wertbeständigen Hypothek zu zahlenden Beträge auf Grund des letzten amtlich zu ermittelnden Preises festgestellt werden. Ist damit die Berücksichtigung anderer vertragsmäßiger Gold- oder £-Stichtage überhaupt ausgeschlossen? Aber es dürfte sich auch hier der Standpunkt vertreten lassen, daß § 6 die Berücksichtigung anderer Stichtage nicht ausschließt, sofern deren Maßgeblichkeit dem Vollstreckungsgericht nachgewiesen wird. Abzulehnen ist nur die dingliche Wirksamkeit der Vereinbarung eines dem Zahlungstage folgenden Stichtages, da die Berücksichtigung eines solchen im Verteilungsverfahren unmöglich ist. Unwirksame Abreden dieser Art kommen bisweilen vor, weil die Kreditinstitute die bei ihnen eingehenden Beträge erst einen Tag später verwerten können [1]).

---

[1]) Die entscheidenden Worte der Verordnung vom 27. Juni 1924 lauten:

Art. 1.

In wertbeständigen Schuldtiteln (§ 9 der Bekanntmachung zur Entlastung der Gerichte — Reichsgesetzbl. 1924, I S. 552) kann die Höhe der zu zahlenden Geldsumme auch bestimmt werden

1. in Goldmark, und zwar
   entweder
   a) ....
   oder
   b) ....
   oder
   c) in der Weise, daß als Goldmark der amtlich festgestellte Preis von 1/2790 Kilogramm Feingold (§ 2, Satz 1 der Verordnung zur Durchführung des Gesetzes über wertbeständige Hypotheken vom 29. Juni 1923 — Reichsgesetzbl. I, S. 482) bezeichnet wird; die Umrechnung der Goldmark in Reichswährung erfolgt nach dem Mittelkurse, der auf Grund der amtlichen Berliner Notierung des dem Tage der Zahlung vorhergehenden Börsentags für Auszahlung London errechnet wird;
2. durch die für eine wertbeständige Hypothek, Grundschuld oder Rentenschuld in dem Gesetz über wertbeständige Hypotheken vom 23. Juni 1923 (Reichsgesetzbl. I, S. 407) oder den Durchführungsverordnungen außer der Goldmark nach Nr. 1 c zugelassenen Maßstäbe.

[2]) Vgl. die S. 45 und S. 49 angeführten Texte von Hypothekenschuldurkunden.

d) Bodenkreditinstitute dürfen zwecks Ausgabe von Liquidations- und Mobilisierungsgoldpfandbriefen für die zugrunde liegenden Aufwertungshypotheken den Stichtag für die Umrechnung von Goldmark in Reichsmark einseitig festsetzen in den Grenzen der Verordnungen vom 28. Juni 1926 RGBl. I 423 § 5 I 2 und vom 13. Januar 1927 RGBl. I 41 § 3.

V. Auch bei der Annahme, daß aus den zivilprozessualen Vorschriften kein Bedenken gegen die freie vertragliche Bestimmung der Stichtage bei der Goldmarkhypothek herzuleiten ist, muß man daran festhalten, daß die Zulassung solcher Parteiabreden einer restriktiven Behandlung bedarf — nicht nur aus der Anschauung heraus, daß die Vorschriften über den Inhalt der Sachenrechte dem Parteibelieben grundsätzlich entzogen sind, sondern auch wegen der Notwendigkeit, die Verschiedenheit der Goldhypothektypen nicht ins Ungemessene anschwellen zu lassen. Zwar läßt sich nicht leugnen, daß der gegenteilige Standpunkt im Interesse des einzelnen Gläubigers liegen kann und in diesem Sinne den Kredit fördert. Aber das größere und dauernde Interesse der deutschen Wirtschaft ist doch m. E. darin zu finden, durch eine strenge Anwendung des gesetzlichen Prinzips eine möglichste Einfachheit, Einheitlichkeit und Gerechtigkeit der Goldmarkklausel anzustreben.

Diese Stellungnahme ist vor allem von Bedeutung für die Frage, ob dem Gläubiger mit dinglicher Wirkung die Befugnis zugestanden werden kann, zwischen mehreren Stichtagen zu wählen, wie dies besonders in dem Beschluß des Kammergerichts vom 14. Februar 1924 angenommen worden ist[1]). Die maßgebende Bestimmung der Schuldurkunde lautete: „*Der Geldwert von Kapital, Zinsen und Verwaltungskostenbeiträgen wird nach dem Preise von Feingold berechnet, der von der zuständigen Stelle im Reichsanzeiger als der Londoner Goldpreis bekannt gemacht ist. Maßgebend ist die letzte Bekanntmachung vor dem 20. des der Fälligkeit vorhergehenden Kalendermonats. Die Umrechnung dieses Goldpreises in die deutsche Währung erfolgt nach dem Mittelkurse der Berliner Börse auf Grund der letzten amtlichen Notierung für Auszahlung London vor dem Tage der Fälligkeit. Von jedem fälligen Betrage, der nicht pünktlich bei Fälligkeit gezahlt wird, sind Verzugszinsen in Höhe von 10% jährlich seit dem Fälligkeitstage zu entrichten. Die Bank kann für die Berechnung der rückständigen Leistung einschließlich Verzugszinsen an Stelle des in Ziff. 5 bezeichneten Londoner Goldpreises den letzten vor dem Eingange der Zahlung im Reichsanzeiger bekanntgemachten*

---

[1]) Jahrb. Entsch. fr. G. I 461.

Londoner Goldpreis zugrunde legen. Im Falle einer Entwertung der deutschen Währung in der Zeit zwischen dem Tage der Fälligkeit und dem Tage des Eingangs der Zahlung ist die Bank auch berechtigt, die Umrechnung des nach Ziff. 5 oder Ziff. 6 Abs. 2 ermittelten Londoner Goldpreises nach dem Mittelkurse für Auszahlung London an der nächsten auf den Tag des Einganges der Zahlung folgenden Berliner Börse vorzunehmen" [1]).

Ein derartiges Wahlrecht des Gläubigers ist mit dem Begriff des Goldwerts nicht verträglich. Es gewährt dem Gläubiger möglicherweise einen Zuschlag zu dem Goldwert, der seinerseits etwas objektiv Gegebenes ist. Das Gesetz weiß auch nur von einem einheitlichen Feingoldpreise, nach welchem sich die Höhe des zu zahlenden Betrages richtet. Dementsprechend drücken sich die Verordnungen über die Liquidations- und Mobilisierungspfandbriefe der Bodenkreditinstitute dahin aus, daß das Institut für die Berechnung des Goldmarkbetrages „e i n e n Stichtag" bestimmen könne[2]). Abzulehnen ist auch der Umweg, daß die Wahl unter den mehreren Stichtagen nicht der Zukunft überlassen, sondern sofort ausgeübt wird, indem die Schuldurkunde unter mehreren Stichtagen von vornherein denjenigen für maßgebend erklärt, welcher den Gläubiger am günstigsten stellt. Das Kammergericht, das gegenteilig entscheidet[3]), verkennt nicht die Gefahr, die für den Schuldner mit der Bestimmung verbunden ist. Es verweist darauf, daß die Aufsichtsbehörden der Bodenkreditinstitute nötigenfalls eingreifen können, eine Vertröstung, die schon deshalb unbefriedigt läßt, weil es sich nicht nur um Bodenkreditinstitute handelt. Übrigens sind auch die vollstreckungstechnischen Bedenken nicht von der Hand zu weisen, die sich daraus ergeben, daß aus komplizierten Stichtagabreden dem Vollstreckungsgericht eine erhebliche unproduktive Arbeit erwächst.

Das Gesagte muß selbst für den Fall des Schuldnerverzuges gelten. Es steht den Beteiligten frei zu bestimmen, und es wäre sogar ohne besondere Bestimmung anzunehmen, daß der säumige Schuldner den zu zahlenden Reichsmarkbetrag nach dem Kurs des Zahlungstages berechnen muß. Allerdings erhält der Gläubiger dann dem Nennbetrag nach weniger, wenn die Reichsmark seit der Fälligkeit im Werte gestiegen ist. Dem Gläubiger bleibt aber sein An-

---

[1]) Der Schluß des letzten Satzes ist später bei einer Neufassung des Formulars in der aus S. 45 ersichtichen Weise verändert worden.

[2]) Vo. vom 28. Juli 1926 RGB. I 423, § 5 I 1.; Vo. vom 13. Januar 1927 RGBl. I 41, § 3.

[3]) Kammergericht (14. Febr. 1924) Jahrb. Entsch. fr. G. I 469.

spruch auf Ersatz des Verzugsschadens. Es ist jedoch zu beachten, daß das BGB. die dingliche Sicherung des Anspruchs auf Ersatz des Verzugsschadens aus wohlerwogenen Gründen nur in Höhe der Verzugszinsen zuläßt (§ 1146), die übrigens hoch genug bemessen zu sein pflegen. Man kann die Differenz auch nicht mit dem Bayerischen Obersten Landesgericht [1]) als „Nebenleistung" auffassen, denn sie erwächst gerade aus der für die Kapitalfeststellung wichtigen Verschiedenheit der Berechnungsmethode, ganz abgesehen davon, daß die nach § 1115 BGB. bei Nebenleistungen erforderliche Möglichkeit der Vorausberechnung [2]) fehlt.

Das Reichsgericht hat in allen diesen Fragen noch nicht gesprochen. Wenn der höchste Gerichtshof die hier beanstandeten Bestimmungen nicht billigen würde, so wäre dies auf den Bestand der Hypotheken selbst ohne Einfluß, da es sich nur um Abreden von nebensächlicher Bedeutung handelt [3]). Es müßte dann derjenige Stichtag maßgebend sein, der beim Fehlen besonderer Vereinbarungen in Betracht kommt, d. h. also der Zahlungstag. Das Ergebnis wäre auch im allgemeinen unbedenklich; nur könnte den Bodenkreditinstituten ein gewisses Risiko erwachsen, wenn sie in den Pfandbriefen einen anderen Stichtag festgesetzt haben.

VI. Die Verordnung vom 29. Juni 1923 § 2 sieht auch die Möglichkeit vor, daß für die Berechnung der geschuldeten Leistungen ein Durchschnittspreis für maßgebend erklärt wird. Gedacht ist offenbar an den Fall, daß der Goldwert nach dem Durchschnittspreis einer bestimmten Periode festgesetzt werden soll. Nach dem Wortlaut der Verordnung ist für diesen Fall nur die Ermittlung eines durchschnittlichen £-kurses (Umrechnung), nicht diejenige eines durchschnittlichen Goldpreises vorgesehen. Anscheinend wurde es für selbstverständlich erachtet, daß in letzterer Beziehung die Parteien freie Hand haben. Es braucht aber auf diese Frage nicht weiter eingegangen zu werden, weil Durchschnittsberechnungen bei Goldhypotheken unzweckmäßig sind und nicht vorkommen. Die Dinge liegen auf diesem Gebiet anders wie bei Sachwerthypotheken im engeren Sinne, bei denen die Vereinbarung eines Durchschnittspreises dazu dienen soll, dem Einfluß zufälliger Ausschläge des Preispendels sowie der Möglichkeit unlauterer Einwirkung auf die Preisbildung zu begegnen. Solchen Gefahren ist der Goldhandel in wesentlich geringerem Grade ausgesetzt [4]).

[1]) Beschl. vom 22. Nov. 1924, Jahrb. Entsch. fr. G. 2, 350.

[2]) Staudinger-Kober, BGB.[9] (1926) 4 b zu § 1115 u. dort Zitierte.

[3]) Kammergericht (20. Nov. 1924) Jahrb. Entsch. fr. G. 2, 350.

[4]) Vgl. v. Bissing, Die Sachwertpfandbriefe und der Kapitalmarkt (1926) 17.

VII. Bei allen Umrechnungen in Reichsmark, mögen sie auf Grund gesetzlicher oder vertraglicher Bestimmung erfolgen, ist wohl zu beachten, daß sie immer nur für die einzelne hypothekarische Leistung von Bedeutung sind, niemals aber den wertbeständigen Charakter der Goldhypothek als solcher berühren. Selbst wenn der Eigentümer das ganze Kapital zurückzahlt, so geht die Hypothek nicht in Höhe der gezahlten Summe als Reichsmarkhypothek, sondern unverändert als Goldmarkhypothek (bzw. Goldmarkgrundschuld) auf ihn über (BGB. §§ 1163, 1143, 1153) und bildet als solche den Gegenstand seiner Verfügung. Entsprechendes gilt, wenn der persönliche Schuldner im Falle des § 1164 oder der Lösungsberechtigte im Falle des § 1150 BGB. zahlt [1]). Mit dieser Auffassung scheint auch das Kammergericht übereinzustimmen [2]). Von einer durch die Zahlung eintretenden „Stabilisierung" der Goldmarkhypotheken auf einen bestimmten Reichsmarkwert kann deshalb nicht die Rede sein [3]), ganz abgesehen davon, daß man vom Standpunkt eines Goldmarkgläubigers aus die Zurückführung der Hypothek auf Reichsmark nicht als Stabilisierung bezeichnen könnte.

VIII. Dagegen ist es möglich, die Goldmarkhypothek mit einer Reichsmarkhypothek zu kombinieren. Die Erfahrung, daß die Reichsmark sich mehrfach über ihre Goldparität hob, und dadurch der Goldmarkgläubiger in Reichsmark weniger empfing als den Nennbetrag, hat dazu geführt, daß die Goldmarkgläubiger sich neuerdings ausbedingen, mindestens den Nennwert ihrer Forderung in Reichsmark zu erhalten. Mit Recht hat das Kammergericht in einem Beschluß vom 1. Juli 1926 [4]) die Eintragung dieser Abrede zugelassen. Denn da eine Hypothek ebensowohl auf Reichsmark wie auf Goldmark gestellt werden kann, so ist auch gegen die Verbindung beider Rechnungseinheiten nichts einzuwenden. Auf diese Weise wird dem Gläubiger eine weitere bedeutsame Sicherung verschafft. Sehr verbreitet und empfehlenswert ist auch die Abrede, daß eine Abweichung des Goldmarkwerts vom Reichsmarkwert erst dann berücksichtigt wird, wenn sie eine gewisse Mindestgrenze überschreitet [5]). Diese Klausel, die man nach dem Vorbilde des „Passiergewichts" als Passierklausel bezeichnen kann, tritt

---

[1]) Vgl. ferner wegen der Gesamthypothek § 1182 BGB

[2]) Beschl. vom 20. Nov. 1924, Jahrb. Entsch. fr. G. 2, 349.

[3]) Zutreffend Schulze, Leipz. Zeitschr. 1924, 565 ff.; 1925, 128 ff.

[4]) Jahrb. Entsch. fr. G. 4, 398.

[5]) Eine solche Passierklausel ist auch im Dawesplan, Anlage II Nr. 9, enthalten.

bei der Goldhypothek gewöhnlich in der Form auf, daß *„für jede Goldmark eine Reichsmark zu zahlen ist, sofern sich bei der Umrechnung für das kg Feingold ein Preis von nicht mehr als 2820 Reichsmark und nicht weniger als 2760 Reichsmark ergibt.“* Diese Fassung hat in der Verordnung vom 28. Juli 1926 über die Liquidations- und Mobilisierungspfandbriefe (RGBl. 1926, I 423) § 5, II die Anerkennung des Gesetzgebers gefunden. Streng genommen müßte im Falle der Passierklausel ebenso wie in dem vorher behandelten Falle die Eintragung unbedingt auf Goldmark und bedingt auf Reichsmark unter Angabe der Bedingung (oder auch unbedingt auf Reichsmark und bedingt auf Goldmark unter der entgegengesetzten Bedingung) lauten. Doch wird praktisch von der Eintragung der Passierklausel wohl allgemein abgesehen. Ein nennenswerter Schaden kann daraus nicht erwachsen. Mit Recht abgelehnt hat das Kammergericht die Eintragung einer Klausel, daß für jede Reichsmark der Gegenwert von $^1/_{2790}$ kg Feingold zu entrichten sei, weil daraus nicht klar hervorgehe, ob der Antragsteller eine Reichsmark- oder eine Goldmarkhypothek wolle [1]). Soll eine Goldmarkhypothek in eine Reichsmarkhypothek umgewandelt werden oder umgekehrt, so liegt darin eine Veränderung des Inhalts der Hypothek, welche der Zustimmung der gleichstehenden oder nachstehenden Berechtigten bedarf [2]).

IX. Die bisher erörterten Vorschriften beziehen sich lediglich auf Hypotheken (und Grundschulden). Insoweit sonst von der Goldmark Gebrauch gemacht werden darf, bestimmt sich nach den allgemeinen Grundsätzen des bürgerlichen Rechts. Für grundbuchliche Eintragungen außerhalb der Hypothek kommt § 28 in Betracht, wonach einzutragende Geldbeträge in Reichswährung also jetzt in Reichsmark anzugeben sind. Rentenreallasten [3]) und Ersatzhöchstbeträge nach § 882 BGB. müssen daher auf Reichsmark lauten. Da der Reichsmarkbetrag hier aber kein bestimmter zu sein braucht, so ist die Eintragung eines in Reichsmark zu leistenden Goldwerts an sich nicht unzulässig. Bei Renten ist jedoch auf Grund des Vorbehalts in Art. 113 EGBGB. landesgesetzlich zum Teil die Angabe eines bestimmten Betrages vorgeschrieben [4]). In diesem Falle sind Goldmarkrenten ausgeschlos-

---

[1]) Beschluß vom 5. März 1925 OLGRspr. 44, 149. Wegen der Unzulässigkeit der Zugrundelegung des Dollarwertes vgl. Nachtrag S. 79.

[2]) Beschluß vom 1. Juli 1926 OLGRspr. 45, 231.

[3]) Nußbaum, Deutsches Hypothekenwesen [2] (1921) 182

[4]) So preuß. Ges. v. 2. März 1850 GesS. 77 § 91 II; bay. AGBGB., Art. 85.

sen [1]). Bei Schuldverschreibungen auf den Inhaber, kaufmännischen Verpflichtungsscheinen und kaufmännischen Anweisungen (§ 363 HGB.) steht der Verwendung der Goldmark nichts im Wege, ebenso wenig übrigens auch bei Anweisungen nach § 783 BGB. Hierbei brauchen die für Goldhypotheken vorgeschriebenen Beschränkungen nicht beachtet zu werden. Inhaberschuldverschreibungen der genannten Art bedürfen nach dem Reichsgesetz vom 23. Juni 1923, RGBl. I 407 der staatlichen Genehmigung ebenso wie wenn sie auf Reichsmark lauteten. Wechsel und Schecks können nicht auf Feingoldmark gestellt werden, da die Verordnung vom 6. Februar 1924, RGBl. I, 50 für den Wechsel- und Scheckverkehr die Goldmark anders definiert [2]).

X. Nach dem Vorbild der deutschen Gesetzgebung sind Goldgewichts- und Goldfrankenhypotheken im Saargebiet zugelassen. Dabei erfolgt die Umrechnung des Londoner Goldpreises naturgemäß nicht in Mark, sondern in Franken nach dem Pariser Kurs. Ferner ist im Saargebiet Hypothekenbanken gestattet, Pfandbriefe in Dollar auszugeben und zu deren Deckung Dollarhypotheken eintragen zu lassen. In diesem Falle geschieht die Umrechnung der Dollar in Franken nach besonderen Grundsätzen und zwar grundsätzlich unter Berücksichtigung der Kosten, welche die Bank selbst für die Anschaffung der Dollar hat aufwenden müssen [3]).

In Österreich hat das OLG. Wien in einem Urteil vom 13. Januar 1923 die Eintragung einer auf Goldkronen lautenden Hypothek zugelassen, weil das österreichische Gesetz vom 26. Oktober 1922 die Ausprägung von Goldkronen gestatte [4]). Nach dieser Begründung dürfte auch die Eintragung von Goldschillingen zulässig sein [5]). Unzulässig ist die Eintragung von Goldhypotheken in Frankreich [6]), in den Niederlanden [7]) und Italien [8]), weil das gesetzliche Erfordernis

---

[1]) Für die Zeit der Unbeständigkeit des Geldwerts hat das KG. (15. Nov. 1923) Jahrb. Entsch. fr. G. 1, 432 die Eintragung einer wertbeständigen Rente zugelassen.

[2]) Oben S. 40.

[3]) Vgl. die im Anhange abgedruckten saarländischen Verordnungen sowie Boesebeck, Zentralbl. für Handelsrecht 1927, 172.

[4]) „Rechtsprechung" 5, 273.

[5]) Vgl. österr. Schillingsrechnungsgesetz v. 10. Dez. 1924, Bundesgesetzbl. 1924, 1767 § 9.

[6]) C. c. 2132 und dazu App. Paris (21. Febr. 1925) Journ. dr. int. 1925, 745 (Bewertung des Kursrisikos in französischen Franken notwendig).

[7]) Niederl. B. W. 1221 und dazu Libourel in Engelberts-Vissering-Libourel Inflatie en Goud-clausule in Nederland (1922), 55 f, sowie Meyers Weekblad voor Privaatrecht, Notaris-ambt en Registratie 1924, 187.

[8]) Ital. C. c. 1965, 1987 (n. 4) 1992 und dazu Scaduto I debiti pecuniari 83;

der bestimmten Geldsumme fehlt. Der schweizerische Bundesrat hat, wie früher[1]) erwähnt, die Eintragung der Goldmünzklausel in der oben erörterten, für den Gläubiger wertlosen und irreführenden Bedeutung zugelassen.

B. Sonstige Valutaschutzklauseln.

§ 7.

Schulden in fremder Währung (Valutaschulden).

I. Dem Schutz gegen Schwankungen des Geldwerts kann es dienen, daß der Schuldner sich verpflichtet, in einer für ihn fremden Währung zu zahlen. Dafür ist natürlich am besten geeignet eine durch die Erfahrung als widerstandsfähig erwiesene Währung, heute vorzugsweise der Dollar. Besonders beliebt ist im langfristigen internationalen Kreditverkehr und neuerdings zum Teil auch außerhalb desselben die „alternative Währungsklausel", die wir im § 9 einer besonderen Betrachtung unterziehen werden. Zunächst wollen wir uns der einfachen Valutaschuld (Schuld in fremder Währung) zuwenden. Diese entspringt nun allerdings keineswegs nur dem Wunsch nach Schutz gegen Schwankungen des Geldmarktes, sondern sie ist ein natürliches Erzeugnis des internationalen Verkehrs. Daher muß unsere Erörterung in diesem Punkte eine allgemeinere sein.

Die Valutaschuld tritt ebenso wie die Goldschuld in zwei Typen auf, einmal so, daß der Schuldner unmittelbar in fremder Währung verpflichtet wird (echte Valutaschuld) oder so, daß er sich in heimischer Währung verpflichtet, aber die Höhe seiner Leistung nach dem Kurswerte einer bestimmten Summe ausländischer Währung bestimmt wird (Valutawertschuld, unechte Valutaschuld). Doch ist bei der echten Valutaschuld eine subdistinctio nötig: sie ist, je nachdem der Schuldner schlechthin fremde Zahlungsmittel leisten muß oder aber sich mit Leistung heimischen Geldes befreien darf, eine effektive oder eine nicht effektive Valutaschuld. Denn nach den meisten Rechten ist es dem Valutaschuldner grundsätzlich gestattet, sich durch Leistung in heimischem Gelde zu befreien (Substitutionsbefugnis), falls nicht unter den Parteien das Gegenteil vereinbart ist, etwa durch die Anwendung der Klausel „effektiv". Die Substitutionsbefugnis findet sich z. B. im deutschen[2]), belgischen[3]), öster-

App. Mailand (6. Aug. 1927) Monitore dei Tribunali 1927, 812 behandelt den Fall einer persönlichen Goldschuld, für welche eine Hypothek in Lire eingetragen war.

[1]) S. 27.

[2]) BGB. 244.

[3]) App. Lüttich (2. Febr. 1920) Pasicrisie Belge 1921, II 176.

reichischen[1]), rumänischen[2]), schwedischen[3]), schweizerischen[4]) und ungarischen[5]) Recht, sowie im italienischen Handelsrecht[6]). Überwiegend ist sie auch in der französischen Praxis anerkannt[7]). Der Unterschied der nicht effektiven Valutaschuld gegenüber der unechten Valutaschuld liegt darin, daß bei letzterer weder der Gläubiger noch der Schuldner ein Anrecht auf Leistung fremder Geldzeichen hat. Bei der ersteren dagegen kann der Gläubiger ausschließlich die vereinbarte fremde Währung fordern, während dem Schuldner nur die facultas alternativa zusteht, sich durch Leistung heimischen Geldes zu befreien; „monnaie de contrat" und „monnaie de paiement" fallen auseinander, wenn der Schuldner von seiner Befugnis Gebrauch macht. In der Praxis wird aber der Unterschied zwischen den verschiedenen Arten der Valutaschulden vielfach dadurch verwischt, daß die Gerichte dem Gläubiger auch bei der echten Valutaschuld unbefangen das Recht zugestehen, Zahlung in heimischer Währung des Schuldners zu fordern [8]).

Eine echte Valutaschuld liegt auch da vor, wo der Schuldner einen beim Vertragsschluß noch ungewissen Betrag fremder Währung, der sich aber nach einer festen Summe heimischer Währung bestimmt, zu zahlen verspricht, z. B. wenn ein Deutscher bei einer schweizerischen Bank ein Darlehn von 100 000 Reichsmark aufnimmt und sich verpflichtet, „die Zinsen und das Kapital zum festen Kurse von 123,50 Fr. für je 100 RM. zu zahlen" (verkleidete Valutaschuld) [9]).

Die Ausdrücke „heimisch" und „fremd" sind im Vorstehenden vom Standpunkt des Zahlungspflichtigen aus gebraucht. Diese übliche Terminologie beruht auf reinen Zweckmäßigkeitsgründen, hat aber auf die sachliche Beurteilung keinen Einfluß.

II. Tatsächlich tritt die unechte Valutaschuld hauptsächlich im inneren Verkehr zu Zeiten einer Währungskrise auf und pflegt mit dieser zu verschwinden. Auf dem Gebiet des internationalen Verkehrs findet sie sich bisweilen in der Form der „Kursgarantie-

---

[1]) Finanzministerialerlaß vom 21. Mai / 2. Juni 1848, Justizgesetzsammlung Nr. 1152.

[2]) Vgl. Schwefelberg, Journ. dr. int. 1924, 931.

[3]) Koersner, Etude de la question des changes (Stockholm 1926), 36.

[4]) SchwOR. 84 II.

[5]) Almasi Ungarisches Privatrecht II (1913), 1193.

[6]) Ital. C. comm. 39.

[7]) Z. B. Cass. (9. März 1925) Journ. dr. int. 1926, 103; App. Paris (31. Okt. 1922) Journ. dr. int. 1924, 122; App. Poitiers (18. Okt. 1922) Rev. dr. bancaire 1923, 116; Über die franz. Doktrin Schkaff a. a. O., 131 ff.

[8]) „Geld" S. 217.

[9]) RG. (29. Nov. 1920) Jur. W. 1921, 231. Weitere Beispiele „Geld" 206.

klausel", bei welcher der Schuldner dem ausländischen Gläubiger einen bestimmten Betrag heimischer Währung verspricht, sich aber für den Fall, daß diese zur Zeit der Zahlung unter ihrer Goldparität stehen sollte, verpflichtet, den Unterschied in heimischer Währung zu vergüten[1]). Hier hat der Gläubiger den Vorteil von einem Steigen der bedungenen Währung, er ist aber gegen eine Entwertung gesichert. Rechtlich liegt also die Verbindung einer unbedingten Heimwährungsschuld mit einer bedingten unechten Valutaschuld vor. Dabei wird bisweilen die Passierklausel angewendet, derzufolge der Schuldner den Kursunterschied nur zu ersetzen hat, falls die Entwertung beispielsweise 1% übersteigt[2]). Die weit überwiegende Regel im internationalen Verkehr bildet jedoch die echte Valutaschuld, und zwar meist ohne Ausschluß der Substitutionsbefugnis. Die Effektivklausel scheint sich vorzugsweise im Wechselverkehr zu finden, ohne ihn jedoch zu beherrschen.

III. Vergleicht man die Valutaschuld mit der Goldschuld, so ist die Sicherheit bei der Goldschuld die größere, auch wenn man an den Dollar denkt. Die Valuta, d. i. der Wert der Währungsgrundeinheit, ist unlöslich verbunden mit dem politischen und wirtschaftlichen Ergehen des Staates, dem die Währung angehört. Der Valutagläubiger verknüpft deshalb das Schicksal seiner Forderung mit dem jenes Staates. Darin liegt ein höheres Risiko selbst dann, wenn man in Rechnung zieht, daß der Goldwert im Verlauf sehr langer Zeiträume gleichfalls Veränderungen ausgesetzt ist. Andererseits ist bei der Valutaschuld infolge des hier viel regeren Börsenverkehrs eine genauere Wertbestimmung möglich. Auch ist die Valutaschuld juristisch-technisch besser durchgearbeitet als die Goldschuld, deren mannigfache Unklarheiten durch die psychologische Wirkung des Goldbegriffs in trügerischer Weise verhüllt werden.

IV. Um nun auf die einzelnen Probleme der Valutaschuld zu kommen, so fragt sich zunächst, ob ein Gläubiger überhaupt ein Urteil in einer Währung erlangen kann, die am Sitze des Gerichts keine Geltung hat. Die Frage wird, so viel ich bisher feststellen konnte, bejaht in Deutschland[3]), Österreich[4]), der Schweiz[5]), in

---

[1]) Die französische Rechtsprechung verwendet den Ausdruck „garantie de change" in anderem Sinne, vgl. oben S. 14.

[2]) Zum Vorstehenden „Geld" 206 f.

[3]) RG. (16. Dez. 1922) 106, 74.

[4]) Öst. ObGH. (15. Juni 1921) „Rechtsprechung" 4, 67.

[5]) Vgl. oben S. 36.

Italien[1]), Norwegen[2]), Polen[3]) und Schweden[4]). Die Gerichte Englands[5]), der Vereinigten Staaten[6]) und Belgiens[7]) gestatten die Verurteilung nur in heimischer Währung; auch das zaristische Rußland[8]) ließ Urteile nur in Rubeln zu, was für die baltischen Randstaaten noch von Bedeutung sein dürfte. In Frankreich scheint die neuere Entwicklung der Verurteilung in fremder Währung günstig zu sein [9]); immerhin ist die Lage nicht ganz geklärt. Darf aber das Urteil nicht auf fremde Währung lauten, so muß das Gericht eine Umrechnung in die heimische Währung vornehmen. Hier steht nun das anglo-amerikanische Recht auf dem Standpunkt, daß das Urteil, um hinreichend bestimmt zu sein, einen zur Zeit des Urteils bereits feststehenden Zeitpunkt zugrunde legen müsse. Bei Ansprüchen auf Zahlung vertraglich vereinbarter Geldsummen (debts) entscheidet sich das englische Recht für den Zeitpunkt der Fälligkeit[10]), während in den Vereinigten Staaten der Zeitpunkt der Urteilsfällung bevorzugt wird[11]). Im einen wie im andern Falle trifft den Gläubiger das Risiko einer dem Stichtag folgenden Bewegung des Valutakurses, was sich für ihn besonders deshalb bemerkbar macht, weil ihm über die Verzugszinsen hinaus ein Schadensersatz nicht zugebilligt zu werden pflegt[12]). Der Zufall hat es gefügt, daß bei der hauptsächlich in der Nachkriegszeit entwickelten englischen Praxis

---

1) Scaduto, I debiti pecuniari, 126.

2) International Law Association, Report on the 34th Conference (1927), 559 (Frederiksen).

3) Ebenda 577 (Kuratowski).

4) Koersner (oben S. 55, Anm. 3) 8, 36.

5) „Geld" 193, 218.

6) „Geld" 193, 221.

7) App. Brüssel (23. Dez. 1922) Rev. dr. bancaire 1, 534.

8) Berent, Zeitschr. f. Ostrecht, 1, 57 ff.

9) Cass. (10. Febr. 1925) Rev. dr. bancaire 3, 470; App. Bordeaux (23. Mai 1921) Dalloz pér. 1923, II 6; Trib. comm. Lyon (3. Mai 1921) Rev. dr. bancaire 2, 11, Anm. 2; Trib. comm. Havre (20. Febr. 1926) Rev. dr. maritime 1923, II, 533.

10) „Geld" 218 ff.

11) Namentlich US. Supreme Court (23. Nov. 1926) 272 US. Reports 517 i. S. Deutsche Bank v. Humphrey (deutsch im „Bankarchiv" 26, 433); Urteil der Appellate Division des Supreme Court New York i. S. Sirie v. Godfrey 188, NY. Supp. 52. Dagegen soll nach dem Urteil des US. Supreme Court i. S. Guinness v. Hicks (16. Nov. 1925) 269 US. Reports 71 der Verzugsbeginn maßgebend sein, wenn die Schuld amerikanischem Recht untersteht. Diese Unterscheidung ist wenig überzeugend. Mindestens hätte bei Anwendung des deutschen Rechts die Aufwertung berücksichtigt werden müssen. Vgl. zu der Frage „American Law Reports" 11, 363 ff.; 20, 900 ff.; 33, 1281 ff. sowie J. H. Drake, „The reckoning of damages in fluctuating exchanges" in der „Michigan Law Review" 23, 659 ff.

12) Revillon v. Damme 185, NY. Supp. 443.

die ausländischen Gläubiger, die damals meist unter fallender Valuta lebten, gut gefahren sind; die Dollargläubiger aber, zu deren Gunsten übrigens in England ein günstigerer Standpunkt eingenommen wurde[1]), konnten sich schon deshalb nicht beschweren, weil die amerikanischen Gerichte gleichfalls nur Urteile in heimischer Währung geben. Nun sind die Vereinigten Staaten und England heute vorwiegend Gläubigerländer und erfreuen sich gefestigter Währungen. Daß aber das Prinzip der ausschließlichen Verurteilung in einer bestimmten Währung für den internationalen Kreditverkehr an sich gefährlich ist, bedarf nicht der Ausführung.

Einfach ist freilich die Lage auch da nicht, wo das Urteil oder der sonstige Schuldtitel auf fremde Währung lautet. Besondere gesetzliche Bestimmungen für solche Fälle finden sich, soweit ich sehe, nur in der Schweiz (Schuldbetreibungsgesetz vom 11. April 1889 Art. 67). Hier wird zwecks Durchführung der Vollstreckung die Forderung in Schweizer Währung nach dem Kurse des Verfalltages, in Sonderfällen auch zu den bei Beginn der Vollstreckung bestehenden Kursen umgerechnet; wird der Gläubiger auf diese Weise nicht befriedigt, so muß er eine neue Klage erheben[2]). Das ist unbefriedigend. Das Gleiche gilt von dem italienischen Recht, wo bei der Mobiliarvollstreckung der Richter den Umrechnungskurs in Ermangelung einer Einigung der Parteien bestimmt[3]). Sehr günstig stellt den Valutagläubiger die deutsche Rechtsprechung: er kann vollstrecken wie ein Reichsmarkgläubiger[4]). Da das Reichsgericht bei freiwilliger Zahlung den Kurs des Zahlungstages entscheiden läßt, so muß bei der Vollstreckung der Kurs des Tages maßgebend sein, an welchem der Gerichtsvollzieher als Vertreter des Gläubigers (ZPO. § 754) den geschuldeten Betrag vereinnahmt. War die fremde Valuta seit der Pfändung gestiegen, so kann auf Grund des vorliegenden Urteils nötigenfalls neu gepfändet werden. Die entstehenden Mehrkosten treffen den Schuldner, der also bei diesem System ziemlich schlecht dasteht. Die vollstreckungsrechtliche Gleichstellung der Geldforderungen in heimischer und fremder Währung findet sich

---

[1]) Vgl. „Geld" 220, Anm. 7.

[2]) „Geld" 195. Vgl. auch Pfenniger, Zeitschr. f. schweiz. Recht 26, 231, der jedoch irrig die Valutaschuld als Geldsortenschuld auffaßt.

[3]) Scaduto, I debiti pecuniari 128 unter Bezugnahme auf Cod. proc. civ. 652 (bezügl. der Immobiliarvollstreckungen 717). Dabei ist aber in Betracht zu ziehen, daß die italienische Praxis, meist nach dem Zeitpunkt der Fälligkeit umrechnet. Nach der Meinung von Scaduto soll sich der Gläubiger unter den im Prozeßgesetz bestimmten Tagen und dem Fälligkeitstag den ihm günstigsten aussuchen dürfen.

[4]) RG. (16. Dez. 1922) 106,74 = JurW 1923, 505 (mit Anm.).

auch im österreichischen Recht[1]). Bezüglich des französischen Rechts hat die von Leopold Dor geleitete französische Gruppe der International Law Association in einer von Leussier verfaßten Vorlage für die Wiener Verhandlungen des Jahres 1926 billigend berichtet, daß nach der französischen Praxis die geschuldete Valuta für Rechnung des Gläubigers angeschafft und ihm geliefert werde[2]); den verauslagten Preis nebst den Kosten zieht der Gläubiger dann vom Schuldner ein. Aber dieses Verfahren, das auch in der schwedischen Praxis befolgt wird [3]), leidet an dem Fehler, daß der Gläubiger durch die Eindeckung gegen den Anspruch auf die vertragliche Währung einen solchen in derjenigen Währung eintauscht, deren Kursrisiko er vermeiden wollte [4]).

Aus dem Vorstehenden ergibt sich, daß die verschiedenen Arten der Valutaschuld in noch stärkerem Maße, als wir es bei der Goldschuld gesehen haben, durch das Prozeßrecht einander praktisch angenähert werden: die echte Valutaschuld wird weithin wie eine unechte behandelt. Freilich ist der Gläubiger vor Überraschungen niemals sicher. So hatte der österreichische Oberste Gerichtshof, der Klage und Urteil auf fremde Währung zuläßt und zugleich die Substitutionsbefugnis anerkannt, die aus der unechten Valutaschuld entspringende Forderung auf Verurteilung zu dem jeweiligen Gegenwert in österreichischer Währung als zu unbestimmt abgelehnt[5]), ein Standpunkt, den das Gericht in der Folgezeit glücklicherweise aufgegeben hat[6]).

V. Die praktisch weitaus wichtigste Frage auf dem Gebiet der Valutaschulden ist jedoch die, zu welchem Kurse eine etwaige Umrechnung in die heimische Währung zu erfolgen hat. Die Frage taucht nicht nur auf, wenn der Schuldner die Substitutionsbefugnis ausübt, sondern z. B. auch, wenn eine unechte Valutaschuld vorliegt oder wenn man bei der echten Valutaschuld dem Gläubiger das Recht gibt, die Leistung in der heimischen Währung des Schuldners zu verlangen. In allen diesen Fällen kann nur der Tag der Zahlung, insbesondere derjenige der Fälligkeit entscheiden. Diese

---

[1]) Öst. ObGH. (26. April 1922) „Rechtsprechung" 5, 53; auf Grund des Finanzministerialerlaß vom 21. Mai 1848, oben S. 55. Anm. 1

[2]) Droit maritime français (Zeitschr.) 3, 708.

[3]) Auf Grund eines Gesetzes vom 10. August 1877, § 38; Koersner, Etude de la question des changes (Stockholm 1926) 18.

[4]) Oben S. 27.

[5]) Urteil vom 4. April 1922, „Rechtsprechung" 5, 1.

[6]) Urteile vom 9. Okt. 1923, „Rechtsprechung" 6, 53 und vom 10. Okt. 1924, „Rechtsprechung" 6, 252. Zutreffend auch ital. Cass. (22. Jan. 1925) Riv. dr. comm. 1925, 435.

herrschende und in meinem „Geld" S. 211 ff. ausführlich begründete Meinung hat sich in neuerer Zeit immer weiter verbreitet und ist auch in der Wiener Tagung der International Law Association allgemein als zutreffend anerkannt worden. Sie wird befolgt von der Rechtsprechung in Deutschland[1]), Jugoslawien[2]), den Niederlanden[3]), Rumänien[4]), Schweden[5]), Ungarn[6]). Auch die französische Praxis wendet sich mit wachsender Entschiedenheit demselben Standpunkt zu[7]), in Griechenland hat sich die neuere Praxis des Areopags in gleichem Sinne ausgesprochen[8]). Allerdings hat die Gruppe derer, welche für die Maßgeblichkeit des Fälligkeitstages eintreten, neuerdings eine Verstärkung erhalten durch den Hinzutritt des italienischen Kassationshofs[9]). Derselben Gruppe hatte schon vorher das schweizerische Bundesgericht[10]) und der brasilianische Oberste Gerichtshof[11]) angehört. Daß das anglo-amerikanische Recht, obschon von anderen Gesichtspunkten aus, gleichfalls auf den Tag der Fälligkeit oder den der Urteilsfällung sieht, wurde bereits ausgeführt[12]). Hieraus ist ersichtlich, daß die Vereinbarung einer Valutaschuld unvollkommen ist, wenn nicht der Umrechnungstag in der Praxis des Schuldnerlandes zweifelsfrei feststeht oder aber in klarer Weise vertraglich geregelt ist.

Der Ausdruck „Kurs des Zahlungstages" ist im übrigen auch an dieser Stelle so zu verstehen, daß der letzte Kurs maßgebend sein

---

[1]) RG. (24. Jan. 1921) 101, 312; bezüglich des Wechselrechts anscheinend anders RG. (1. Juli 1924) 108, 337.

[2]) Kassationsger. Neusatz (10. Okt. 1920) „Rechtsprechung" 6, 172; „Gesetzgeb. u. Rechtspr. des Auslands" (Zeitschr.) 1, 125.

[3]) Hof (Berufungsgericht) Amsterdam (17. Dez. 1924) Weekblad van het Recht Nr. 10 316; Rechtbank Rotterdam (28. Nov. 1924 und 16. Jan. 1925) Weekbl. v. h. R. Nr. 11 334 und 11 358.

[4]) Schwefelberg, Journ. dr. int. 1924, 931.

[5]) Koersner a. a. O., 36.

[6]) Kgl. Kurie (14. Mai 1924) „Ostrecht" 1926, 830; daselbst werden weitere Entscheidungen aus dem gleichen Jahre angeführt. Die ältere Praxis — so die verspätet abgedruckten Urteile vom 14. Febr. und 27. Nov. 1919, Journ. dr. int. 1926, 218 und 220 — ist damit überholt.

[7]) Cass. (8. Nov. 1923) Journ. dr. int. 1923, 576; (9. März 1925) Rev. dr. bancaire 1925, 405; App. Paris (18. Okt. 1922) Journ. dr. int. 1924, 119; (19. Nov. 1924) ebenda 1926, 608 (15. Juli 1925) ebenda 1926, 658; vgl. im übrigen „Geld" 213, Anm. 1.

[8]) Journ. dr. int. 1925, 1105; die dort angekündigte Plenarentsch. ist mir allerdings nicht bekannt geworden.

[9]) Urteil vom 11. Mai 1925, Monitore dei Tribunali 1925, 848.

[10]) Urteile des Schweizerischen Bundesgerichts vom 5. April 1895, 26. Okt. 1920, 1. Dez. 1920, 3. Mai 1921, Amtliche Sammlung 21 II 497; 46 II 375; 45 II 403; 47 II 190. Vgl. im übrigen „Geld" 214, Anm. 1.

[11]) Urteil vom 22. Mai 1918, Journ. dr. int. 1921, 993.

[12]) Oben S. 57.

muß, der zur Zeit der Zahlung billigerweise in Erfahrung gebracht werden konnte und mußte. Es wird dies regelmäßig der Kurs des vorangehenden Börsentages sein[1]). Ausdrücklich verweisen auf den Vortag die Goldmarkverordnung und die Verordnung über die Goldmarkschuldtitel vom 27. Juni 1924 (oben S. 46)[2]). Dabei wird im Zweifel anzunehmen sein, daß der Schuldner sich an den in seinem Lande maßgebenden Kurs, regelmäßig an den bei der zentralen Börse dieses Landes notierten, halten muß. Für das deutsche Recht ist ein positiver Anhalt gleichfalls in den soeben genannten Verordnungen gegeben, die den Berliner Kurs zugrundelegen. Die weiterhin zu erwähnende Verordnung über die Dollarhypothek läßt die Berücksichtigung der amtlichen Kurse auch anderer deutscher Börsen zu, doch hat dies praktisch keine Bedeutung.

Soweit nicht, wie im Vollstreckungsrecht, eine gegenteilige Regelung zwingender Art vorliegt, steht der Vereinbarung der Maßgeblichkeit eines ausländischen Börsenkurses nichts im Wege. Nicht selten hat man z. B. im deutschen Verkehr für Dollarschulden die Umrechnung nach dem New Yorker Kurs verabredet. In jedem Falle kann die örtliche Bestimmung des maßgebenden Kurses, mag sie ausdrücklich oder stillschweigend ausgemacht sein, nur so lange beachtet werden, wie die Kursbildung eine freie ist, also dem Gesetz von Angebot und Nachfrage folgt. Diktierte Kurse[3]), wie sie in kritischen Zeiten häufig auftreten, müssen unberücksichtigt bleiben, falls nicht — wie allerdings in der Regel bei inländischen Parteien — anzunehmen ist, daß die Parteien sich auch ihnen haben unterwerfen wollen. Ist der Kurs, weil diktiert, für den konkreten Vertrag unbrauchbar, so muß der Umrechnungsbetrag in freier Weise, etwa nach dem Kurs der in Betracht kommenden Gegenbörse, bestimmt werden. Ist andererseits die Kursbildung des maßgebenden Börsenortes eine freie, so wird zum mindesten gegenüber einer amtlichen Kursnotierung der Nachweis der Unrichtigkeit des Kurses nicht zuzulassen sein[4]).

---

[1]) App. Paris (16. April 1923) Journ. dr. int. 1924, 128; Trib. civ. Seine (20. Okt. 1920) Dalloz pér. 1921, II 10; Brasilian. Ob. Ger.-H. (22. Mai 1918) Journ. dr. int. 1921, 993. Das RG. (15. Jan. 1926) Jur. W. 1926, 795 will in Zeiten jähen Währungsverfalls, wenn ein Börsentag ausgefallen war, den Zahlungstag selbst entscheiden lassen.

[2]) Auch die ung. Wechselordnung 37 nimmt auf den zuletzt festgestellten Kurs Bezug.

[3]) „Geld" 62, 223.

[4]) „Geld" 61.

Für die effektiven Valutaschulden haben die unter b) angestellten Untersuchungen nicht ohne weiteres Geltung. Hier muß vielmehr davon ausgegangen werden, daß der Gläubiger erst befriedigt ist, wenn er die vereinbarte Summe in der vertraglichen Währung empfangen hat. Erhält der Gläubiger, von dem Schuldner einen Betrag in einer andern Währung, so ist er berechtigt, die empfangene Summe in die bedungene Währung umzuwandeln, und zwar auf Kosten und Risiko des Schuldners. Auch sind weitere Ersatzansprüche nicht ausgeschlossen, falls sich nachweisen läßt, daß der Gläubiger durch die Leistung nicht vertragsmäßiger Währung einen Schaden erlitten hat, z. B. wenn er über den geschuldeten Betrag der vereinbarten Währung schon im voraus verfügt hatte. Hierin liegt eine praktisch fühlbare Besonderheit der effektiven Valutaschuld. Natürlich braucht der Schuldner eine Umwandlung in die Vertragswährung nur gegen sich gelten zu lassen, wenn sie unverzüglich vorgenommen wird.

Anders steht es freilich, wenn die effektive Valutaforderung im Wege der Zwangsvollstreckung eingezogen wird. Der hierbei in der heimischen Währung des Schuldners erzielte Erlös muß, wie bereits bemerkt, in die fremde Währung nach dem Kurse des Tages umgerechnet werden, an welchem der Gerichtsvollzieher den Erlös vereinnahmt hat. Damit ist die Vollstreckungsfähigkeit des Urteils erloschen. Die vollstreckbare Ausfertigung ist dem Schuldner auszuhändigen (§ 757 ZPO.), und einer auf den gleichen Sachverhalt gestützten neuen Klage des Gläubigers auf die Differenz stände der Einwand der Rechtskraft entgegen. Die materiellrechtliche und die prozessuale Rechtslage klaffen hier also, wie es gelegentlich auch sonst vorkommt, auseinander.

VI. Mag es sich nun um eine effektive Valutaforderung handeln oder nicht, so entsteht, wenn der Schuldner verspätet (effektiv oder zum Kurs des Zahlungstages) leistet und die vertragliche Währung sich seit der Fälligkeit entwertet hat, die Frage, ob der Gläubiger einen Ersatzanspruch auf die Wertdifferenz hat. Man nehme folgenden Fall: Ein Österreicher schuldet einem Franzosen Franken, zahlbar am 1. April, er zahlt am 1. Juli, und in der Zwischenzeit hat sich der Frank, gemessen an der österreichischen Valuta, um 1% entwertet. Es würde sich dann darum handeln, ob der Österreicher für dieses 1% aufkommen muß. Die Frage, die bei den Beratungen der International Law Association[1]) eine große Rolle gespielt hat, ist für den Regelfall zu verneinen, denn wenn der Franzose die

---

[1]) Unten S. 65.

Franken rechtzeitig erhalten hätte, so würde er vermutlich der Entwertung auch nicht entgangen sein. Anders wenn der Gläubiger ein Deutscher gewesen wäre, der die Franken zur Deckung einer eigenen Frankenschuld zu verwenden gedachte und sich infolge des Ausbleibens der Zahlung des Österreichers Franken gegen Reichsmark kaufen mußte. Hier wäre gegen den Österreicher ein Anspruch auf Ersatz der Kursdifferenz gegeben, falls die Reichsmark die Abwärtsbewegung des Franken nicht mitgemacht hatte. Keinesfalls kann man also eine allgemeine Regel aufstellen, vielmehr kommt es auf die Lage des einzelnen Falles an[1]). Im übrigen beschränken viele Rechte, voran der C. c. 1153 und der ital. Cod. civ. 1231 die Schadensersatzpflicht des im Verzuge befindlichen Schuldners auf die Verzugszinsen mindestens dann, wenn der Vertrag auf die Währung des Gerichtsstaates lautet[2]). In diesem Falle also würde der Gläubiger seinen Anspruch auf Ersatz des Entwertungsschadens überhaupt nicht durchsetzen können.

VII. Nicht selten wird im geschäftlichen Leben die Entscheidung, ob die Schuld auf fremde Währung gestellt werden soll, beeinflußt durch die Vorfrage, ob in solchem Falle eine hypothekarische Sicherung möglich ist. Im allgemeinen ist das Liegenschaftsrecht zu eng mit der Währung des Landes verknüpft, als daß Hypotheken in fremder Währung zugelassen werden könnten. So verlangen z. B. das französische[3]) und das italienische[4]) Eintragung in nationaler Währung. Auch das deutsche Recht, welches infolge der wirtschaftlichen Notlage nach dem Kriege den Wünschen der ausländischen Kreditgeber weitgehende Zugeständnisse machen mußte, hat sich in dieser Frage Zurückhaltung auferlegt. Eine Verordnung vom 13. Februar 1920 RGBl. 231[5]) (Valutahypothekenverordnung) hat die Eintragung von Hypotheken in fremder Währung zugelassen, falls die Landeszentralbehörde im Einzelfalle die Genehmigung erteilt. Diese Behörde soll ihrerseits im Einvernehmen mit der Reichsbank handeln. Nach der amtlichen

---

[1]) Für grundsätzliche Zubilligung der Kursdifferenz ital. Cass. (12. Sept. 1925) Auslandsrecht 1925, 505 und österr. Ob. GH. (27. Jan. 1925) Rechtspr. 7, 40 für den Fall vollständiger Entwertung der bedungenen Währung. Bezügl. des Schrifttums „Geld" 218, Anm. 1.

[2]) „Geld" 77, 192 f.

[3]) App. Paris (12. Febr. 1925) Journ. dr. int. 1925, 745 Nr. 2.

[4]) Scaduto a. a. O. 125.

[5]) Jn Verb. mit dem zweiten Ges. vom 29. März 1923, RGBl. 1, 232 über die Eintragung von Schiffspfandrechten in ausländischer Währung und dem Verlängerungsgesetz vom 18. Dez. 1925 RGBl. 469 (Ablauf 31. Dezember 1928). Über die unzulässigen Goldmarkhypotheken auf Dollarbasis, Nachtrag S. 79.

Begründung[1]) soll die Valutahypothek nur für große und auf lang Dauer bewilligte, der Gesamtwirtschaft vorteilhafte Kredite zugelassen werden. Nach diesen Gesichtspunkten ist auch tatsächlich verfahren worden[2]). Durch die Konsolidierung der deutschen Währung und Wirtschaft und die Zulassung der Goldhypotheken hat sich das Bedürfnis nach Valutahypotheken wesentlich verringert. Die Valutahypothekenverordnung hat daher wohl kaum noch nennenswerte Bedeutung. Unabhängig von ihr hat die dritte Durchführungsverordnung zu dem Gesetz über wertbeständige Hypotheken[3]) die Eintragung von Dollarwerthypotheken da zugelassen, wo die Hypothek zur Sicherung einer Anleihe dient, für deren Verzinsung und Rückzahlung das Reich oder ein Land die Bürgschaft übernommen hat. Die Verordnung wurde hervorgerufen durch eine 1923 aufgenommene Anleihe der Rhein-Main-Donau A.-G.[4]). Sie hat gleichfalls, soweit bekannt, eine erheblichere praktische Bedeutung nicht gewonnen. Übrigens unterscheidet sich die Durchführungsverordnung von der Valutahypothekenverordnung dadurch, daß nach ersterer das Grundstück nicht unmittelbar mit fremder Währung, sondern nur mit dem jeweiligen Reichsmarkgegenwert des Valutabetrages belastet wird.

Eine Goldhypothek kann für eine Valutaforderung nicht eingetragen werden, da nach der gesetzlichen Konstruktion der Hypothek und aus zwingenden praktischen Erwägungen Forderung und dingliches Recht jedenfalls grundsätzlich übereinstimmen müssen (§ 1113 BGB.)[5]). Nichts einzuwenden wäre allerdings gegen die Sicherung einer Valutaforderung durch eine Gold-Höchstbetragshypothek (§ 1190 BGB.). Hier muß dann der Höchstbetrag in Goldmark angegeben werden. Ein Nachteil dieser Form liegt darin, daß der Höchstbetrag, wenn der Gläubiger gegen erhebliche Schwankungen der Währung gesichert werden soll, ziemlich hoch angesetzt werden muß, wodurch sich die Kosten vermehren. Auch läßt sich die Höchstbetragshypothek nicht in vollstreckbarer Form

---

1) Schlegelberger, Deutsches Übergangsrecht 2, 430.

2) Vgl. auch die Allg. Verf. des preuß. Justizministers v. 22. Jan. 1924, Justizministerialblatt 1924, 29.

3) Vom 2. November 1923, RGBl. 1, 1075.

4) Schlegelberger, Gesetz über wertbeständige Hypotheken, 2. Aufl. (1924), 90.

5) Kammergericht (10. April 1924) Jahrb. Entsch. fr. G. 2, 345 mit Literaturangaben; ferner auch Hagelberg, Hypothekenprobleme 71; Boesebeck, Zentralbl. f. Handelsrecht 1927, 170.

nach § 794 Ziff. 5 ZPO. aufnehmen, da es hier an dem Erfordernis der „bestimmten Geldsumme" fehlt[1]).

Allgemein zugelassen ist die Eintragung von Hypotheken für Fremdwährungsschulden in Polen [2]). Wegen der saarländischen Dollarhypotheken vgl. oben S. 53.

§ 8.

Die „Wiener Regeln 1926".

Einen bemerkenswerten Versuch, einige Mängel der Valutaschuld zu beseitigen, hat auf Anregung von französischer Seite — unter führender Mitwirkung des bekannten Seerechtlers Leopold Dor — die International Law Association auf ihrer 1926 in Wien abgehaltenen Tagung unternommen. Nach umfangreichen und schwierigen Vorarbeiten [3]) sind dort die „Wiener Regeln 1926" („Règles de Vienne 1926) beschlossen worden. Sie zerfallen in einen allgemeinen Teil und Bestimmungen über die große Havarei. Ihr Text wird im Anhange unter B wiedergegeben. Auf das seerechtliche Spezialproblem soll hier nicht eingegangen werden.

Art. 1 erhebt die Valutaschuld grundsätzlich zur effektiven Schuld, beseitigt also die Substitutionsbefugnis des Schuldners. Art. 2 läßt für die Umrechnung in die Vertragswährung den Kurs des Zahlungstages entscheiden, „*lorsqu'il est impossible d'appliquer la règle* I" (*in the event of rule I being impossible of application*). Es ist dabei nicht ohne Interesse, daß die italienische Landesgruppe der International Law Association sich entgegen der Ansicht des italienischen Kassationshofs mit besonderer Entschiedenheit für die Maßgeblichkeit des Zahlungstages aussprach, der allein die „execution intégrale" des Vertrages ermögliche. Aber was sollen die Worte: „*lorsqu'il est impossible d'appliquer la règle I*" bedeuten? Die Vorarbeiten und Verhandlungen zeigen, daß man die rechtliche und tatsäch-

---

[1]) Näheres hierüber und über die für den Schuldner sehr bedenkliche. Verwendung der Grundschuld zur Sicherung des Gläubigers Boesebeck, Zentralbl. f. Handelsrecht 1927, 171.

[2]) Beschl. des App. Ger. Posen vom 20. Juni 1925 auf Grund einer Verordnung des poln. Staatspräsidenten vom 27. April 1924 (gilt nicht für Grundschulden), Zeitschr. f. Ostrecht 1927, 587.

[3]) Hierzu: Intern. Law Association, Report of the 34th Conference (London 1926) 543 ff.; Journ. dr. int. 1926, 1139 ff.; Journal de la Chambre de Commerce internationale 1926, Nr. 11, S. 15 ff.; ein eingehendes Referat über die ganze Entstehungsgeschichte bietet M. Stourm, Les Règles de Vienne 1926 Rev. dr. maritime comparé 14, 52 ff; 15, 18 ff.

liche Unmöglichkeit der effektiven Devisenleistung treffen wollte[1]). Aber die bessere Fassung des französischen Vorentwurfs[2]) drang nicht durch. Die Diskussion war vor allem von dem Gedanken beherrscht, daß der Schuldner kein Wahlrecht haben dürfe; auch bereitete die Abstimmung des englischen Textes mit dem französischen große Schwierigkeiten. Daraus entsprangen die verschiedensten Bedenken und Vorschläge, und schließlich nahm man, um zu einem Ende zu kommen, in letzter Stunde die jetzige wenig glückliche Fassung an. Ein Fall, auf den sie wohl vor allem zielt, ist derjenige einer Zwangsvollstreckung, die kraft der prozeßrechtlichen Bestimmungen, oder weil die vereinbarte Währung beim Schuldner nicht vorgefunden wird, zu einem Erlös in anderem Gelde führt. Selbst hier könnte man noch zweifeln, ob nicht doch „die Anwendung der Regel I möglich ist", weil sich sagen ließe, daß der Gläubiger, z. B. ein Engländer, der £ zu erhalten hat, sich aus dem Zwangsvollstreckungserlös Pfunde anschaffen und sich lediglich in deren Höhe als befriedigt erklären könnte. Aber das wäre allerdings aus den früher[3]) dargelegten prozeßrechtlichen Gründen unannehmbar. Die Umrechnung hätte vielmehr nach dem Berliner Kurs des Empfangstages für Auszahlung London zu erfolgen. Das würde aber schon aus dem deutschen Vollstreckungsrecht abzuleiten sein, und soweit fremde Vollstreckungsgesetze andere Grundsätze aufstellen, wie z. B. das schweizerische[4]), wird auch die Regel II nicht viel helfen. Sehr zweifelhaft ist die Lage ferner, wenn man an den Fall der objektiven Unmöglichkeit denkt. Gesetzt z. B. ein Pole schulde einem Ausländer Pfunde und er werde durch polnische Devisengesetze an der Anschaffung der Pfunde gehindert, so bleibt ihm nur übrig, in Zloty zu zahlen. Hier ist die Regel I für ihn unanwendbar, nicht aber für den Gläubiger, der die Zloty in £ umwechseln kann. Im Sinne der Wiener Regeln, die vor allem den Gläubiger sicherstellen wollen, dürfte es liegen, in solchem Falle eine Unanwendbarkeit der Regel I nicht anzunehmen, so daß also Kosten und Kursrisiko der Umwandlung den polnischen Schuldner treffen würden. Sollte man aber mit dem Konditionalsatz an das anglo-amerikanische Verbot der Urteile in fremder Währung gedacht haben, so würde auch dies nicht passen. Denn jenes Verbot ist nur prozeßrechtlicher Art. Es läßt die Anwendbarkeit der materiellrechtlichen Grundsätze unberührt. Zahlt z. B. ein Frankenschuldner, der auf englische Pfunde verklagt

---

1) Report der Int. Law Ass. 568 ff., 577 ff.

2) Vgl. auch Journ. dr. int. 1926, 1140.

3) Oben S. 62.

4) Oben S. 58.

wird, während des Prozesses in Franken, so ist die Schuld getilgt[1]). Zahlt er aber nicht und ergeht das Urteil, so nützt dem Gläubiger weder die Regel I noch die Regel II etwas.

Was die Regel III betrifft, so legte hier die italienische Landesgruppe besonderes Gewicht darauf, dem Gläubiger für den Fall einer nach der Fälligkeit eintretenden Währungsentwertung einen Ersatzanspruch zuzubilligen. Dieser Grundsatz ist, wie bereits S. 63 dargelegt, schon an sich kaum berechtigt. Er ist aber obendrein durch die hier unpassende Einfügung des Gold-Standard-Prinzips entstellt und kompliziert worden. Diese Einfügung geschah aus taktischen Erwägungen. Eine vorzugsweise unter englischem Einfluß stehende Kommission, welche die Hauptverhandlungen vorbereiten sollte (Rate of Exchange Committee), hatte einen Vorentwurf aufgestellt, der darauf beruhte, daß jeder auf der Grundlage der neuen Regeln abgeschlossene Vertrag als auf Goldbasis beruhend gelten sollte, derart daß der Geldschuldner jeweils den Goldwert seiner Leistung, wie er sich zur Zeit der Eingehung des Vertrages stellte, entrichten müsse. Jeder Vertrag würde danach als unter einer Goldklausel abgeschlossen zu gelten haben. So weit wollte man keinesfalls gehen, aber es erwies sich doch als notwendig, dem englischen Standpunkt entgegenzukommen. So erklärt sich die Bezugnahme auf den Goldwert. Betrachten wir nun die entstandene Rechtslage an der Hand unseres österreichisch-französischen Beispiels. Wie der Goldwert festgestellt werden soll, sagt uns die Regel III nicht. Man wird sich aber einfach an den Dollarwert halten können, solange dem Dollar seine heutige Bedeutung in der Weltwirtschaft bleibt[2]). Die Folge wäre also, daß die Frankenforderung des Franzosen sich mit der Fälligkeit in eine Dollarforderung verwandelt, und zwar möglicherweise in einer Zeit der Frankenkrise, denn es wird ja gerade in der Regel eine Entwertung der vertraglichen Währung vorausgesetzt. Der Gläubiger wäre sogar noch besser daran als ein Dollargläubiger, denn wenn sich der Franken nach der Fälligkeit im Verhältnis zum Dollar bessert, so bleibt dem Gläubiger natürlich sein Anspruch auf den Nennwert. Dieses Ergebnis scheint mir nicht der Billigkeit zu entsprechen. Abs. 2 der Regel III ist die natürliche Folge des Abs. 1 [3]). Gegen die Regeln IV und V ist nichts zu erinnern.

---

[1]) Court of Appeal (20. Dez. 1921) i. S. Le Touquet v. Cummings 48 (1922) 38 TL R 22 1.

[2]) Vgl. Wiener Regeln sect. II, 5 Abs. 2.

[3]) Vgl. auch „Geld" 215.

Trotz der hervorgehobenen Bedenken scheinen mir die Wiener Regeln 1926 für die Gläubiger im ganzen annehmbar zu sein, da sie den Grundsatz der effektiven Devisenleistung aufstellen und jedenfalls den Versuchen der Rechtsprechung, zum Kurse des Fälligkeitstages umzurechnen, entgegentreten. Für den Schuldner sind die Bedenken hauptsächlich wegen der Regel III schwerer, ausschlaggebend brauchen sie darum nicht zu sein. Englischen und amerikanischen Schuldnern gegenüber sind allerdings die Regeln aus den früher dargelegten Gründen undurchführbar[1]), doch ist hier die Frage wegen des allgemeinen Vertrauens auf die Wertbeständigkeit des $ und £ ohne größere Bedeutung. Übrigens erklärte der Vorsitzende des Rate of Exchange Committee, der Engländer K. W. Elsmlie: *I do not believe for a moment English people will adopt them* [2]) (nämlich die Rules). Die amerikanische Landesgruppe hatte eine sachliche Stellungnahme zu dem Gegenstand abgelehnt und übermittelte nur ihren Wunsch, daß von einer Beschlußfassung darüber abgesehen werden möge[3]). Am ehesten scheinen mir Aussichten dafür zu bestehen, daß die auf die große Havarie bezügliche Sektion II der Wiener Regeln einmal in die York-Antwerp Rules hineingearbeitet wird, zumal in der Sektion II gemäß der englischen Auffassung die „Goldbasis" akzeptiert worden ist. Aber auch dies ist ungewiß. Alles in allem muß es als sehr zweifelhaft angesehen werden, ob der Ertrag die große Mühe lohnen wird, die man aufgewendet hat.

§ 9.

Alternative Währungsklausel.

I. Die valutarische Sicherung, die in der Ausbedingung einer für den Schuldner fremden Währung liegen kann, läßt sich so verstärken, daß die Parteien die Schuldsumme in verschiedenen Währungen bestimmen und dem Gläubiger die Wahl überlassen, in welcher Währung und damit auch in welchem Nennbetrage er die Zahlung zu erhalten wünscht (Alternative Währungsklausel, option de change). Dabei wird der Gläubiger Gewicht darauf legen, den Schuldner möglichst auf solche Währungen zu verpflichten, die sich in der Vergangenheit bereits bewährt haben, und deren Schicksale nicht zu eng miteinander verflochten sind. Er wird z. B. gern die nordamerikanische, englische und schweizerische Währung kombinieren. Es wäre nicht richtig anzunehmen, daß

---

[2]) Report 577, 599.

[3]) Report 599.

[4]) Report 576, 602.

damit dem Schuldner ein unbilliges Valutarisiko aufgebürdet wird; nur müssen natürlich die in den verschiedenen Währungen bestimmten Beträge wirklich dem entsprechen, was der Schuldner erhalten hat. Hat der Schuldner z. B. unter den gegenwärtigen Verhältnissen Reichsmark empfangen, so könnte der Gläubiger, der sich die Rückzahlung in Dollar, Pfund oder Schweizerfranken nach dem jetzigen Kursverhältnis ausbedungen hat, einen Kursgewinn nur erzielen, wenn eine der drei Währungen in nennenswerter Weise über die Goldparität steigen würde. Nach menschlichem Ermessen ist aber hier nur mit sehr geringen Überschreitungen zu rechnen, deren Ausnutzung insbesondere bei Anleihen schon aus technischen Gründen (Übersendung der Papiere an die jeweils günstigste Zahlstelle) sehr erschwert wäre. Übrigens handelt sich bei der alternativen Währungsklausel keineswegs nur um die Sicherung gegen Geldwertschwankungen. Besonders bei internationalen Anleihen hat man seit je von der Klausel schon deshalb in weitestem Umfange Gebrauch gemacht, um den Gläubigern, die man in den verschiedenen Ländern gewinnen wollte, ein Recht auf bestimmte Beträge in ihrer heimischen Währung zu geben. Bei den internationalen Anleihen der Vorkriegszeit hat die Klausel vielleicht sogar die Regel gebildet, falls nicht die Anleihe in e i n e m bestimmten Lande dauernd untergebracht werden sollte. Nach dem Kriege hat die Einengung des Kreises der kapitalgebenden Länder die Bedeutung der Klausel einstweilen zurücktreten lassen. Allerdings berichtet Dalberg [1]), man habe sich im Jahre 1925 bei der Auflegung einer Dollaranleihe für ein japanisches Elektrizitätwerk auf amerikanischer Seite die Zahlung in Golddollar „*or at the option of the holder at exchange rate of L 4,8665 of the Pound Sterling*" ausbedungen, aber im allgemeinen begnügen sich die Amerikaner mit der Dollarwährung, die Engländer mit der Pfundwährung. Dagegen scheint die alternative Währungsklausel jetzt in individuellen internationalen Kreditgeschäften häufiger angewendet zu werden.

II. Wiederholt haben die alternativen Währungsklauseln Anlaß zu Rechtsstreitigkeiten gegeben, die sowohl wegen ihres internationalen Charakters wie wegen der großen Anzahl der am Prozeßausgang wirtschaftlich interessierten Personen allgemeine Beachtung gefunden haben. So die „österreichischen Couponprozesse", die als Folge des Übergangs Deutschlands zur Goldwährung die deutschen und österreichischen Gerichte in den siebziger und achtziger

---

[1]) Bankarchiv 26, 496.

Jahren des vorigen Jahrhunderts beschäftigt haben [1]. Ferner sind derartige Prozesse in einer großen Zahl von Fällen nach dem Weltkrieg geführt worden, namentlich in Frankreich, aber auch in anderen Staaten. Dabei sind alle nur denkbaren währungsrechtlichen Einwendungen der Schuldner zur gerichtlichen Erörterung gelangt.

So ist in einem Falle sogar versucht worden, den wörtlich übereinstimmenden Stücken derselben Anleihe einen verschiedenen Sinn beizulegen. Eine in Deutschland und der Schweiz untergebrachte Anleihe einer deutschen Gesellschaft lautete wahlweise auf Mark und Franken, und obwohl das Emissionsland in den Anleihestücken nicht kenntlich gemacht war, wollte die Gesellschaft auf die in Deutschland emittierten Stücke nur Mark (bzw. den Aufwertungsbetrag) zahlen. Dieser unhaltbare Einwand ist nach anfänglicher Billigung [2] vom Reichsgericht verworfen [3] und er ist auch sonst nirgends gutgeheißen worden. Man ist sich ferner in Rechtsprechung und Schriften überwiegend darin einig, daß, wenn die Urkunde für die Zahlung des Kapitals oder der Zinsen mehrere Währungen oder Zahlorte zur Verfügung stellt, die Wahl dem Gläubiger gebührt, und zwar auch dann, wenn dies in der Urkunde nicht ausdrücklich hervorgehoben ist [4]. Immerhin wird es zur Abschneidung aller Einwendungen zweckmäßig sein, das Wahlrecht des Gläubigers im Text der Urkunde besonders zu erwähnen.

III. Indessen ist die ausschlaggebende Frage eine andere. Das Wahlrecht des Gläubigers kann einen verschiedenen Sinn haben. Es kann dem Gläubiger wahlweise ein fester Betrag an Kapital und Zinsen in den genannten Währungen zugesichert sein (nur dies ist die alternative Währungsklausel) oder aber lediglich ein fester Betrag in einer einzelnen Währung, etwa in derjenigen des

---

1) Geld 158, 203.

2) RG (21. Dez. 1925) Jur. W. 1926, 1320 mit Anmerkung von Nußbaum. Gegen das RG. auch Springer, Bankarchiv 25, 291.

3) Urteil vom 1. Juli 1926 Jur. W. 1926, 2675.

4) RG. (1. Juli 1926) Jur. W. 1926, 2675; App. Paris (20. März 1924) Journ. dr. int. 1924, 704 (Banco El Hogar Argentino); App. Paris (17. Juli 1924) Journ. dr. int. 1925, 1018 (Crédit foncier Franco-Canadien); App. Paris (25. Nov. 1926) Journ. dr. int. 1927, 700 (Société des Charbonnages, Mines et Usines de Sosnovice); App. Amsterdam (21. Jan. 1927) Weekblad van het Recht Nr. 11 633, S. 2 (Kristiania Hypothek og Realkreditbank); Lettländischer Senat Zeitschr. f. Ostrecht 1927, 395 (Russisch-Baltische Waggonfabrik); Springer a. a. O.; Sippel, Bankarchiv 26, 392. A. M. Schkaff, dépréciation monétaire 221 ff. mit sehr anfechtbaren Gründen.

Landes des Schuldners, jedoch mit dem Recht des Gläubigers, den Betrag bei bestimmten Zahlstellen in anderen Ländern in der dortigen Währung nach dem jeweiligen Wechsel (Devisen-, Valuten-)Kurse zu erheben. (Alternative Zahlungsortklausel, option de place.) Die Entscheidung ist Tatfrage, kann aber in den meisten Fällen kaum zweifelhaft sein. Was insbesondere die internationalen Anleihen betrifft, so muß eine alternative Währungsklausel als vorliegend angenommen werden, wenn der Text der Urkunde feste Summen in den verschiedenen Währungen nennt, die gegen den Coupon oder die Schuldverschreibung jeweils gezahlt werden müssen. Denn damit ist der alternativ geschuldete Betrag fremder Währung von den Schwankungen des Wechselkurses unabhängig gemacht. Dabei ist es ohne Belang, ob diese Schwankungen zur Zeit der Ausstellung der Papiere sehr gering zu sein pflegten — gefehlt haben sie nie — und ob man zur Zeit der Emission in den Kreisen des Publikums an Währungsschwankungen gedacht hat [1]). Die Emissionen erfolgen durch Banken, denen das Publikum vertraut, und diese zum mindesten haben immer gewußt, daß mit Valutaschwankungen zu rechnen ist. Anders steht es, wenn feste Beträge ausschließlich in der Währung des Heimatslandes des Schuldners ausgegeben und im übrigen nur ausländische Zahlstellen genannt werden, oder wenn sogar noch ausdrücklich auf den jeweiligen Kurs Bezug genommen wird. Dann liegt nur eine option de place vor. Die Gerichte haben die Unterscheidung fast durchweg in zutreffender Weise durchgeführt [2]). Abzulehnen ist nur ein

---

[1]) Von dem gegenteiligen Standpunkt aus wollen Pinner und Apt, „Zur Auslegung von Inhaberschuldverschreibungen" (1927) den Erwerbern der auf S. 70 erwähnten deutsch-schweizerischen Anleihe das Recht absprechen, Zahlung in Franken zu verlangen. Gegen diese vollständig unhaltbare Auffassung, der sich Fick, BankA. 26, 500 angeschlossen hat, auch Sippell, BankA. 26, 391; Richter, BankA. 26, 442.

[2]) Beispiele für Entscheidungen, in denen alternative Währungsklauseln angenommen wurden, S. 70 Anm. 4. Das Vorliegen eines alternativen Zahlungsortes wurde festgestellt in folgenden Fällen: Deutsches Reichsgericht (23. Mai 1927) Jur. W. 1927, 2289; (österr. Staatsbahnanleihe; hier ausdrücklicher Hinweis auf den Börsenkurs); Dänisches Reichsgericht (17. Dez. 1925) Jur. W. 1926, 2030 (Kongeriget Danmarks Hypotekbank); Trib. comm. Seine (21. Juli 1926) Journ. dr. int. 1927, 92 (Anleihe San Paolo); Trib. civ. Seine (3. Febr. 1926) Rev. dr. banc. 1926, 252 (besondere Serie der Anleihe des Crédit Franco-Canadien); App. Nancy (9. Nov. 1926) Rev. dr. banc. 1927, 169 (Soc. des Papeteries de Courtelary). Sehr zweifelhaft ist die Auslegung in dem vom dänischen RG. entschiedenen Fall. Den Bedenken, die Prof. Ussing-Kopenhagen in der Anmerkung zu der Entscheidung gegen die Annahme, daß nur eine Schuld in dänischer Währung vorliege, äußert, trete ich im Ergebnis deshalb bei, weil ein offenbarer Fehler in der Fassung des Textes vor-

Urteil des Appelhofs Brüssel vom 11. März 1921[1]), welches einer belgischen industriellen Gesellschaft gestattete, ihre vor dem Krieg ausgegebenen, auf „10 Francs" lautenden Zinsscheine, die in Brüssel, Paris und der Schweiz zahlbar waren, in belgischen Franken einzulösen. Dieser Fall ist allerdings kompliziert durch die Gleichnamigkeit der beteiligten Währungsgrundeinheiten. Aber im Zweifel muß die Urkunde so ausgelegt werden, wie sie am Zahlungsort verstanden wird, ganz abgesehen davon, daß Zusicherungen an die Anleiheerwerber grundsätzlich zu ihren Gunsten auszulegen sein werden. Jedenfalls wird der Schuldner, der nur einen alternativen Zahlungsort, nicht aber eine alternative Währungsklausel zubilligen will, gut daran tun, dies im Text der Urkunde klar zum Ausdruck zu bringen. Die Urkunde muß deutlich erkennen lassen, daß der in der fremden Währung zu zahlende Betrag sich nach dem jeweiligen Devisenkurse bestimmt.

§ 10.

Valutagoldklausel, insbesondere Dollarmünzklausel.

I. Die Valutaklausel, mag sie eine einfache oder eine alternative sein, kann mit der Goldklausel verknüpft werden und zwar ebensowohl mit der Wertklausel wie mit der Münzklausel. Die S. 32 besprochene Abrede des amerikanischen Geschäftsverkehrs ist eine Valutamünzklausel. Allerdings könnte die der Klausel eigentümliche Festlegung eines bestimmten Gewichts und Feingehalts der Münzen einen Zweifel hervorrufen, ob man es überhaupt noch mit einer Geldschuld zu tun hat. In der amerikanischen Praxis wird, wie früher[2]) erörtert, diese Frage bejaht, und man wird in der Tat die Klausel so deuten dürfen, daß, solange Gewicht und Feingehalt der Dollarmünzen unverändert bleiben, eine Geldschuld, nämlich eine Geldsortenschuld amerikanischer Währung vorliegt, daß aber die Schuld ihren Charakter ändert, sobald — eine recht fern liegende Möglichkeit — in dieser Hinsicht eine Änderung eintreten sollte.

Ganz klar ist, wie auch Julius Lehmann[3]) hervorhebt, der Sinn der Klausel allerdings nicht. Nach der Mitteilung Lehmanns, der auf diesem Gebiete über große Erfahrungen verfügt, wird sie von amerikanischen Juristen so ausgelegt, daß der Schuldner primär

---

liegt, und die Folgen des durch den Fehler entstandenen Zweifels von dem Aussteller der Urkunde getragen werden müssen.

[1]) Pasicrisie belge 1921, II, 70 (Société pour l'Eclairage Belge).

[2]) Oben S. 28.

[3]) „Bankwissenschaft" (Zeitschr.) 1927, 397.

in Goldmünzen zu zahlen habe, falls die Vereinigten Staaten von einer reinen Goldwährung abgehen sollten, daß aber außerdem bei einer Änderung des Feingehalts des Dollars nach unten die durch die Minderung des Goldwertes entstandene Differenz nachzuzahlen sei. Letzteres ist zweifellos zutreffend. Im übrigen aber ist die Auffassung der in Betracht kommenden amerikanischen Juristen anfechtbar. Vielleicht ist es nur ungenau, wenn als ihre Meinung hingestellt wird, daß der Gläubiger die Goldmünzen lediglich bei Aufgabe der reinen Goldwährung fordern könne. Er kann auf Grund der Klausel s t e t s Goldmünzen verlangen, nur hat er daran kaum jemals Interesse, solange die Goldparität des Dollars erhalten bleibt. Insofern läßt sich unter den gegenwärtigen Verhältnissen sagen, daß der Dollarmünzschuldner in Noten oder Banküberweisung leisten darf, falls nicht der Gläubiger rechtzeitig Goldmünzleistung fordert. Stellt man sich aber z. B. den Fall vor, daß die Einlösung der Dollarnoten eingestellt und dadurch der Dollarkurs sinken würde, so liegen die Dinge nicht so einfach. Vermutlich würden in dem vorausgesetzten Falle die Vereinigten Staaten die Goldausfuhr verbieten. Damit wäre der Handel in Dollargoldmünzen lahmgelegt; die Beschaffung von Dollargoldmünzen würde auf große Schwierigkeiten stoßen und Einwendungen des Schuldners hervorrufen, deren Tragweite sich im voraus schwer übersehen läßt. Immerhin wäre der Gläubiger hinlänglich gesichert, wenn man daran festhält, daß selbst beim Wegfall einer Goldmünzklausel noch die Goldwertklausel übrig bleibt [1]. Es lohnt aber auch den Fall in Erwägung zu ziehen, daß die Vereinigten Staaten wegen Goldübersättigung die freie Goldprägung ebenso einstellen würden, wie es Schweden während des Krieges getan hat [2], und daß dadurch der Dollar über die Goldparität steigen würde. In diesem Falle würden dem amerikanischen Gläubiger die Goldmünzen, auch beim Wegfall des gesetzlichen Annahmezwanges[3], auf Grund des Vertrages aufgedrängt werden können. Die einzige amerikanische Entscheidung, welche sich über den Inhalt der Goldklausel ausläßt, ist, soweit ich sehe, das Urteil des Supreme Court von Alabama vom 22. Mai 1889 in Sachen Judson v. City of Bessemer (6 Southern Reporter 267.) Dort handelt es sich um goldgeänderte Obligationen der Stadt Bessemer. Das Urteil sagt dazu: „*The evident purpose of making the bonds payable in gold coin of the present standard weight*

[1]) Oben S. 27, 35.

[2]) Vgl. etwa G u s t a v C a s s e l, Das Geldwesen nach 1914 (übersetzt von Wolfgang Biermer 1925) 63 ff.

[3]) Coinage Act. 1873 (17. Stat. 424) sect. 14.

and fineness is to give them fixed and stable value on their face, no subject to be affected by fluctuations in the value of the various kinds of circulating medium, or to future appreciation or depreciation of the present value of gold coin."

Hier ist die doppelte Funktion der Klausel zutreffend hervorgehoben. Einmal soll sie den Gläubiger gegen Schwankungen im Werte der verschiedenen Zirkulationsmittel, d. h. praktisch gegen eine Aufdrängung entwerteten Papiergeldes, andererseits aber auch beide Parteien gegen die Schädigungen schützen, welche bei einer Erhöhung oder Minderung des Gewichts oder Feingehalts der Dollargoldmünzen im Falle gleichbleibenden Nennwertes eintreten könnten.

II. Was die hypothekarische Eintragung der Valutagold-Klausel anlangt, so ist sie zunächst da unstatthaft, wo Hypotheken nicht in fremder Währung eingetragen werden können. Aber auch die Ausnahmen von dem letzteren Grundsatz beziehen sich nicht ohne weiteres auf die Valutagoldklausel. Insbesondere läßt die Valutahypothekenverordnung vom 13. Februar 1920 RGBl. 231 nur die Eintragung von Forderungen zu, „die in ausländischer Währung" zu zahlen sind, und auch dies nur mit Genehmigung der Regierung. Tritt die Goldklausel noch hinzu, so handelt es sich nicht mehr schlechthin um eine Forderung in ausländischer Währung Das wird sofort deutlich, wenn die betreffende Auslandswährung sich von der beim Vertragsschluß angenommenen Goldparität entfernt. Durch die Beifügung der Goldklausel entsteht also eine neue Störung in dem System des Grundbuchwesens, und eine weitere Erschwerung für die Durchführung der Zwangsversteigerung und Zwangsverwaltung. Denn ein hinreichend bestimmter freier Marktpreis für die einzelnen fremden Geldsorten würde im Falle der Entwertung der fremden Währung nur sehr schwer zu ermitteln sein. Es ist daher nicht anzunehmen, daß die Valutahypothekenverordung sich auch auf die Valutagoldforderungen beziehen soll. Wenn der preußische Handelsminister gleichwohl die Eintragung von Golddollarschulden zugelassen hat[1]), so ist dies offenbar unter dem Einfluß der reichsgerichtlichen Theorie von der Belanglosigkeit der Münzklausel geschehen. Soweit daraufhin Golddollar eingetragen sind, wird eine dingliche Wirkung der Goldklausel nicht anerkannt werden können, so daß also bei der Zwangsversteigerung oder Zwangsverwaltung die Hypothek lediglich als Dollarhypothek behandelt werden muß. Das gilt erst recht, wenn auch die Bezug-

[1]) Boesebeck Zentralblatt für Handelsrecht 1927, 170.

nahme auf das gegenwärtige Gewicht und den Feingehalt des Dollar zur Eintragung gelangt ist.

Was schließlich die dritte Durchführungsverordnung zu dem Gesetz über wertbeständige Hypotheken [1]) betrifft, so läßt sie überhaupt nur reine Dollarhypotheken zu. Auch hier kommt also die Beifügung einer Goldklausel nicht in Frage. Wegen der Verwendung der Höchstbetragshypothek gilt das oben S. 64 Gesagte.

Ausdrücklich zugelassen ist die Eintragung von Golddollarforderungen im Saargebiet, und zwar auch auf der Grundlage des gegenwärtigen Gewichts und Feingehalts. Ebenso können dort Dollargoldpfandbriefe ausgegeben werden (Verordnung vom 17. Februar 1927) [2]).

§ 11.

Sachwert- und Indexschulden.

I. Neben dem Golde und den fremden Währungen können auch marktgängige Waren als Maßstab „wertbeständiger" Verpflichtungen benutzt werden. Namentlich während der deutschen Inflationsperiode ist dies in weitestem Umfange geschehen, indem man z. B. nach Roggen-, Kartoffel-, Kohlenpreisen u. dgl. rechnete[3]). Es sind auch Anleihen auf der Grundlage derartiger Sachwerte aufgenommen worden[4]) . Die Gesetzgebung selbst hatte die Preise des Roggens, Weizens, Kalis (Kali-Düngesalzes) und gewisser Kohlearten als Maßstäbe für „wertbeständige Hypotheken" anerkannt[5]). Von diesen Möglichkeiten ist — glücklicherweise — kaum irgendwelcher Gebrauch gemacht worden mit Ausnahme der Roggenhypotheken [6]). Solche sind tatsächlich in erheblichem Umfange zur Eintragung gelangt[7]), namentlich für Bodenkreditinstitute, die auf dieser Grundlage Roggen-Pfand- oder Rentenbriefe ausgaben[8]).

---

[1]) Oben S. 64

[2]) Anhang A 7., Boesebeck 171.

[3]) „Geld" 103,

[4]) Vgl. besonders Maus, Anleiheformen unter dem Einfluß der Geldentwertung (1925).

[5]) Erste DurchführungsVO. zu dem Gesetz über wertbeständige Hypotheken vom 29. Juni/5. Okt. 1923 RGBl. I 482, 933. Die „Naturalwertrente" wird wähnt in der Novelle zum Reichssiedlungsgesetz vom 7. Juni 1923 RGBl. I 364 Art. II, Ziff. I.

[6]) Einen Fall einer hypothekarisch gesicherten Kohlenanleihe erwähnt Maus 47.

[7]) Zahlenmäßige Angaben bei Hagelberg, Hypothekenprobleme 23.

[8]) Hierüber namentlich v. Bissing, Die Sachwertpfandbriefe und der Kapitalmarkt (1926), Roggensatzungen preußischer Landschaften bei

Auch in Frankreich sind während der Inflation die Preise nicht selten nach Sachwerten (außer Gold) bestimmt worden[1]). Dauernde Bedeutung haben die Sachwertmaßstäbe nirgends erlangen können. Mit der Stabilisierung sind sie allenthalben verschwunden. Ihre Mängel in wirtschaftlicher und technischer Hinsicht liegen auf der Hand. Die Sachwertleistung ist in viel geringerem Grade wertbeständig als das Gold oder eine gute Währung. Die Preise von Roggen, Kali, Kohle usw. haben ihre Eigenbewegung, die von den wechselnden Marktverhältnissen abhängt. Durch die Verknüpfung mit einem solchen Sachwert werden Schulden und Forderung fortgesetzt zum Spielball der Warenkonjunktur. Die Erfahrung hat gezeigt, daß dies selbst dann unerträglich ist, wenn der Schuldner den Sachwert produziert, wie es etwa für den roggenbauenden Landwirt zutrifft, der sich auf Roggenwert verpflichtet. Infolgedessen haben die in der Inflationsperiode begründeten Roggenwertschulden eine schwere Notlage hervorgerufen, der man nach Möglichkeit durch Umwandlung der Roggenschulden in Goldschulden zu begegnen sucht. Es ist auch gelungen, die Roggenhypotheken bis zum März 1927 um mehr als die Hälfte zu vermindern; im März 1927 waren noch 10 294 Roggenhypotheken von zusammen 19.242 Millionen Ztr. Roggenwert vorhanden[2]). Die weitere Einschränkung der Roggenhypotheken ist an dem Widerstand der Nachhypothekare und sonstigen Nachberechtigten gescheitert[3]), der in diesem Falle mehr auf Vorurteil und Starrsinn als auf sachlichen Gründen beruht. Man bemüht sich zurzeit, ein Eingreifen des Gesetzgebers herbeizuführen.

Zu der Abhängigkeit der Sachwertschuld von der Warenkonjunktur treten noch Schwierigkeiten von mehr technischer Art. Sie liegen auf dem Gebiet der Wertermittelung, die hier nicht so günstige Bedingungen vorfindet wie im Verkehr der Fondsbörse. Die Preisermittlung der Warenbörsen und Warenmärkte ist nicht nur technisch weniger durchgebildet, sondern es bestehen auch stärkere lokale Abweichungen. Damit ist zugleich die Gefahr unlauterer Preisbeeinflussungen gegeben. Das führt dann bei wertbeständigen Schulden zu der Vereinbarung von Durchschnittspreisen unter Zugrundelegung eines größeren, vielleicht einmonatigen

Schlegelberger, Gesetz über wertbeständige Hypotheken, 2. Aufl. (1924) 116 ff.; Über die Roggenrentenbank Seelmann-Eggebrecht im „Archiv für innere Kolonisation" 14, 390 ff.

[1]) Oben S. 15.

[2]) Schriften des Instituts für Konjunkturforschung, 1927, Sonderheft 3 (Die Agrarkredite) 11.

[3]) Deren Zustimmung zu der Umwandlung hier ebenso erforderlich ist wie in den oben, S. 52 bei Anm. 2 erwähnten Falle.

Zeitraumes[1]), der nicht zu nahe am Zahltage liegen darf, weil sonst die erforderlichen Berechnungen nicht rechtzeitig vorgenommen werden können. So wurde z. B. nach den Roggensatzungen der preußischen Landschaften[2]) der Geldwert für die am 1. April zahlbaren Zinsen der Roggenpfandbriefe nach dem Durchschnitt der Roggenpreise aus der Zeit vom 16. Dezember bis zum 15. Februar, der Geldwert der am 1. Oktober fälligen Leistungen nach dem Durchschnitt vom 16. Juni bis 15. August berechnet. Das gleiche Verfahren wurde im Verhältnis zwischen der Landschaft und ihren Hypothekenschuldnern angewendet. Bei dieser Methode werden aber Gläubiger und Schuldner wieder in die Geldentwertung hineingezogen, und zwar bei schnellen Veränderungen des Geldwertes unter Umständen in recht erheblicher Weise[3]).

II. Eine Art der Sachwertberechnung ist auch diejenige nach dem Index In Deutschland ist während der Inflation, aber auch noch weiterhin von dem Index mehr auf gewissen Spezialgebieten, vorzugsweise in Tarif- und Arbeitsverträgen[4]), sowie in der Versicherung[5]) Gebrauch gemacht worden. Ebenso hat sich der deutsche Gesetzgeber, und zwar noch in der Stabilisierungsperiode mehrfach auf die „amtlichen Teuerungszahlen" bezogen[6]). In Frankreich ist die Berechnung nach dem Index als eine gesetzlich zulässige Methode wertbeständiger Preisbestimmung mehrfach empfohlen worden[7]), aber, wie es scheint, ohne Erfolg[8]). In den Vereinigten Staaten, in denen man ebenso wie in England während des Krieges von der Indexberechnung Gebrauch gemacht hatte[9]), ist von dem bekannten Geldtheoretiker Irving Fisher eine lebhafte Propaganda zugunsten einer dauernden rechtsgeschäftlichen Verwertung des Index unternommen worden. Irving Fisher geht so weit, den Ersatz

---

[1]) RG. (13. Nov. 1924) 109, 174; Schlegelberger a. a. O. 118 unter § 6.

[2]) Oben S. 75, Anm. 8.

[3]) Vgl. den vom RG. in dem Urteil Bd. 109, 174 entschiedenen Fall (Januarzinsen 1924 der Roggenrentenbriefe der Roggenrentenbank). Dazu v. Bissing 31.

[4]) Kaskel, Arbeitsrecht 86.

[5]) Manes, Versicherungslexikon, 2. Aufl., 1924 unter „Wertbeständige Versicherung" (Spalte 1446 „Indexversicherung"); dort auch weitere Literatur.

[6]) „Geld" 59, Anm. 2. Die Aufwertungspraxis hat von den Indices bemerkenswerterweise wenig Gebrauch gemacht, weil sie es unter allen Umständen vermeiden wollte und mußte, sich irgendwie festzulegen. Vgl. Mügel, Das gesamte Aufwertungsrecht, 5. Aufl., (1927) 189.

[7]) So von Nogaro, Rev. trim. dr. civ. 1925, 28.

[8]) Über einen vereinzelten Ausnahmefall oben S. 14.

[9]) So Irving Fisher in dem unten S. 78 zitierten Aufsatz.

der Goldwährung durch eine Indexwährung zu fordern [1]). Diese Bestrebungen sind, mindestens zurzeit, völlig aussichtslos [2]). Die Theorie Fishers hat aber zu einem interessanten Experiment geführt. Auf sein Anraten hat die Rand Cardex Co. in Buffalo eine Anleihe mit dreißigjähriger Lauffrist auf der Grundlage der amtlichen Lebenshaltungsstatistik des U.S. Bureau of Labor Statistics ausgegeben [3]), um den Bondholders ein beständiges Einkommen zu gewährleisten, das der wachsenden Kaufkraft des Geldes entspreche; Schwankungen unter 10% sollen jedoch nicht berücksichtigt werden (Passierklausel). Nachfolge hat dieser Anleihetypus, soviel ich ermitteln konnte, nicht gefunden. Die Rand Cardex Anleihe selbst scheint infolge einer Fusion der genannten Gesellschaft aus dem Verkehr verschwunden zu sein. Es ist auch kaum anzunehmen, daß, abgesehen vielleicht von der Festsetzung von Arbeitslöhnen in Tarifverträgen u. dgl., die Indexberechnung eine Zukunft hat. Für die Geschäfte des täglichen Lebens einschließlich der kurzfristigen Kreditgeschäfte ist sie von vornherein viel zu umständlich [4]). Was die langfristigen Anlagen, wie Anleihen usw. betrifft, so ist die hohe Bedeutung, ja vielleicht sogar die Vollkommenheit der Idee des Index anzuerkennen. Denn dem Gläubiger wird in solchem Falle mit dem Anspruch auf ein bestimmtes gleichbleibendes Quantum Kaufkraft am besten gedient sein. Aber die Indexmethoden sind noch zu sehr im Fluß. Jede Neuerung stellt die Grundlage in Frage, auf welcher die Indexanleihe abgeschlossen wurde. Auch verschieben sich im Laufe der Jahrzehnte die Gewohnheiten und Lebensbedürfnisse, auf denen sich der Index aufbaut [5]). Daher kann die Indexberechnung auf lange Frist zu Enttäuschungen und zu schwer voraussehbaren Schwierigkeiten führen. Am wenigsten geeignet ist sie für den internationalen Verkehr wegen der Gebundenheit des Index an die wirtschaftlichen Verhältnisse und die Behörden bzw. Organisationen eines bestimmten Landes.

Im allgemeinen scheint es mir deshalb, daß die alternative Währungsklausel bei geeigneter Auswahl der Währung und sorgfältiger Formulierung der Zahlungsbedingungen praktisch die

---

[1]) „Geld" 10.

[2]) Vgl. darüber etwa Mises in den „Mitteilungen öst. Banken und Bankiers" 6, 120 ff.

[3]) Fisher hat die Anleihe näher beschrieben im „Annalist" (New York) vom 13. Nov. 1925; vgl. auch Hans Heymann in „Versicherung und Geldwirtschaft" 1926, 513 ff.

[4]) Ebenso bezüglich der Indexversicherung Manes a. a. O.

[5]) Mises, Theorie des Geldes, 2. Aufl. (1924) 170 ff.

größte Sicherheit bietet. Die Goldklausel klingt verführerischer, sie ist auch in der Tat keineswegs unbrauchbar, aber doch mit recht erheblichen Unklarheiten und Gefahren behaftet. Allenfalls mag man die alternative Währungsklausel noch mit einer Goldklausel verknüpfen. Eine vollkommene Sicherheit freilich ist, darüber muß man sich im Klaren sein, in diesen Dingen ebensowenig zu erreichen wie in irgendeiner sonstigen Frage der wirtschaftlichen und politischen Zukunft.

Nachtrag.

Nach Abschluß der vorliegenden Schrift ist unter dem 2. Februar 1928 ein „Zweites Gesetz über wertbeständige Hypotheken" (RGBl. I, 11) ergangen. Die Begründung des Entwurfs (Reichstagsdrucksachen 1924/8 Nr. 3880) ergibt, daß eine Anzahl preußischer Grundbuchämter Goldmarkhypotheken auf Dollargrundlage eingetragen hatte, also in der Weise, daß als Goldmark der Reichsmarkgegenwert von 10/42 Dollar gelten sollte. Das Kammergericht hat in einem noch nicht veröffentlichten Beschluß vom 20. Juni 1917 solche Eintragungen mit Recht als inhaltlich unzulässig erklärt, woraus nicht nur die Unwirksamkeit der Eintragungen, sondern auch die Notwendigkeit folgt, sie von Amts wegen zu löschen (§ 54 GBO.) Um nun eine Schädigung der Gläubiger zu verhüten, erklärt das neue Gesetz solche Hypotheken insoweit für rechtswirksam wie sie vor dem 1. Januar 1918 eingetragen worden sind.

Anhang: Texte.

A. Gesetze und Verordnungen [1]).

1. Belgien.

Kgl. Verordnung vom 2 August 1914 [2]).

Article unique. La Banque Nationale de Belgique est dispensée, jusqu'a nouvel ordre, de l'obligation de rembourser ses billets en espèces.

Les billets doivent être reçus comme monnaie légale par les caisses publiques et par les particuliers, nonobstant toute convention contraire.

Le présent arrêté est obligatoire du jour même de sa publication au Moniteur.

Notre Ministre des finances est chargé de l'exécution du présent arrêté.

2. Italien [3]).

1. Gese'zdekret vom 28. Februar 1916, Nr. 224 betr. Zahlungen, die in Gold zu erfolgen haben [4]).

Art. 1. Während der Kriegszeit erfolgen alle Zahlungen zur Erfüllung von Verträgen, die die Klausel „Gold effektiv" oder eine gleichbedeutende Klausel enthalten, in gesetzlicher Währung nach dem amtlichen Umrechnungskurz des Fälligkeitstages.

Der Gläubiger kann jedoch verlangen, daß die Zahlung in der vertraglich vereinbarten Währung bis 6 Monate nach Veröffentlichung des Friedens hinausgeschoben werde; in diesem Falle ist der Schuldner für den Zeitraum der Verlängerung zur Zahlung von 4% Jahreszinsen in italienischer Währung auf die geschuldete Summe verpflichtet.

Art. 2. Während der Kriegszeit ist es verboten, italienische Wertpapiere, die vom Staat, von öffentlichen Körperschaften oder von nationalen Gesellschaften ausgegeben und bereits ausgelost sind oder bereits fällige Zinsscheine auf diese Wertpapiere zur Einlösung oder zur Zahlung ins Ausland zu schicken.

Zuwiderhandlungen gegen dieses Verbot werden mit einer Geldstrafe im doppelten bis vierfachen Betrage der ausgeführten Wertpapiere und Zinsscheine, berechnet nach dem Nennwert, bestraft.

---

[1]) Nicht mitaufgenommen sind die griechischen Gesetze vom 23/30. Dezember 1914 und 15. Mai 1923 (Ténèkides, Journ. dr. int. 1923, 1014), welche nach meinen Informationen 1926 abgeändert sein sollen, sowie das bulgarische Gesetz vom 12. Mai 1921 und das serbische vom 24. April 1920 (Midas, Die Goldklausel im Währungsverfall 1924, S. 50/51).

[2]) Mit Gesetzeskraft bekleidet durch Gesetz vom 4. August 1914 (Pasinomie Belge 1914/15 S. 444/454).

[3]) Übersetzt und bearbeitet von Dr. Rheinstein, Assistent am Institut f. ausl. und int. Privatrecht.

[4]) Gazetta Ufficiale vom 3. März 1916, Nr. 52.

2. Gesetzdekret vom 25. Juni 1917, Nr. 1023[1]).

Art. 1. Gesellschaften, die Eisenbahnen, Straßenbahnen oder ständige Dampfschiffahrtslinien auf den Seen mit mechanischen Antriebsmitteln betreiben, und die zufolge der Bilanzen für die Jahre 1915 oder 1916 an ihre Aktionäre keine Dividenden verteilt haben, sind ermächtigt die Zahlung auf Schulden, die in regelmäßigen Teilbeträgen oder durch planmäßige Rückzahlung tilgbar sind, auszusetzen. Die Unterbrechung darf einen Zeitraum von 2 Monaten nicht überschreiten; innerhalb dieses Zeitraumes kann der Minister der öffentlichen Arbeiten im Einvernehmen mit dem Schatzminister die genannten Zahlungen bis zum 60. Tag nach der Veröffentlichung des Friedens hinausschieben.

Während der Dauer der Verlängerung werden den Gläubigern 5% Jahreszinsen auf die Summe, deren Zahlung hinausgeschoben wird, gewährt. Die Bestimmungen dieses Artikels erstrecken sich nicht auf Obligationen die durch regelmäßig festgesetzte Regierungssubventionen getilgt werden. (Obligationi servite da sovvenzioni governative regolarmente vincolate.)

Art. 2. Während der Kriegszeit erfolgen Zahlungen, die im Königreich auf Obligationen zu erfolgen haben, die von Eisenbahngesellschaften ausgegeben sind und die Klausel „Gold effektiv" oder eine gleichwertige Klausel tragen, in gesetzlicher Währung mit Hinzufügung eines Agios nach dem amtlichen Kurse des Fälligkeitstages, wobei jedoch keinesfalls die Grenze von 115 Lire für je 100 Goldlire überschritten werden kann.

Die Gläubiger können jedoch verlangen, daß die Zahlungen in der vertragsmäßig vereinbarten Währung bis sechs Monate nach Veröffentlichung des Friedens hinausgeschoben werden. In diesem Falle hat der Schuldner für den Zeitraum der Verlängerung 5% Jahreszinsen in italienischer Währung auf die geschuldete Summe zu bezahlen.

3. Dekret vom 10. Januar 1819, Nr. 26[2]).

I n h a l t: Der amtliche Umrechnungskurs der ausländischen Währungen und der Goldkurse werden jeden Samstag nach dem Londoner Kurs festgesetzt.

4. Dekret vom 27. November 1919, Nr. 2355[3]).

I n h a l t: Art. 2, Abs. 1 des Dekrets vom 25. Juni 1917, Nr. 1023 wird bis 31. Dezember 1920 verlängert; der in Abs. 2 des genannten Dekrets gewährte Zeitpunkt wird bis zum 30. Juni 1921 hinausgeschoben. Die Bestimmungen des Abs. 2 des erwähnten Dekrets gelten auch für die Goldobligationen der Meliorations- und Bewässerungskonsortien.

5. Gesetzdekret vom 7. März 1920, Nr. 243[4]).

I n h a l t: Art. 1. Die Befugnis zur Zahlung von Goldobligationen im Auslande in gesetzlicher Währung mit einem Agio bis zu einem Höchstbetrag von 125 Lire gilt auch für Gesellschaften zum Bau oder zur Unterhaltung von

---

[1]) Gazzetta Ufficiale 29. Juni 1917, Nr. 153.
[2]) Gazzetta Ufficiale 22. Januar 1918, Nr. 18.
[3]) Gazzetta Ufficiale 30. Dezember 1919, Nr. 307.
[4]) Gazzetta Ufficiale 13. März 1020, Nr. 61.

Eisenbahnen oder anderer öffentlicher Arbeiten, sofern sie noch im Genuß der Konzession sind oder, falls diese abgelaufen ist, falls sie eine andere wichtige, mit der nationalen Wirtschaft verknüpfte Tätigkeit ausüben.

Diese Befugnis gilt für die Zinsen und Tilgungsbeträge der im Ausland umlaufenden Obligationen, deren Zahlung nach der Veröffentlichung dieses Dekrets verlangt wird.

Das Vorliegen der Voraussetzungen des Abs. 1 wird auf Antrag der Gesellschaft durch das Handelsministerium festgestellt.

Nach Feststellung dieser Voraussetzungen hat die Gesellschaft am Ende jeden Halbjahres in gesetzlicher Währung eine Summe zu hinterlegen, die dem Durchschnittsbetrag ihrer ins Ausland geleisteten Zahlungen der drei letzten Halbjahre entspricht, in denen sie ihrem Schuldendienst nachgekommen ist und zwar zum Parikurs zuzüglich eines Agios von 25%. Die Hinterlegung hat zu geschehen bei einer Notenbank des Königreichs, die mit dem Schuldendienst zu betrauen ist.

Nach dem Ermessen des Schatzministeriums können von der Hinterlegungspflicht diejenigen Gesellschaften befreit werden, die vom Staat Jahresgelder erhalten und zwar bis zur Höhe dieser Jahresgelder.

Der ausländische Inhaber der Obligationen ist jedoch befugt, zu verlangen, daß die Zahlungen in Gold oder in ausländischer Valuta bis zu dem Tag der Aufhebung dieser Bestimmungen hinausgeschoben werden, zuzüglich 5% in Gold oder ausländischer Valuta zahlbaren Jahreszinsen auf die geschuldeten Summen seit dem Tag der Erklärung, von dieser Befugnis Gebrauch machen zu wollen.

6. Dekret vom 18. April 1920, Nr. 629.

Art. 1. Die Bestimmungen des Art. 1 des Dekrets vom 7. März 1920, Nr. 243 gelten auch für die in Gold oder in entsprechenden Währungen im Ausland zahlbaren Schuldverschreibungen von Gesellschaften, die einen im öffentlichen Interesse liegenden Gewerbebetrieb ausüben.

Diese Befugnis gilt für die Zinsen und Einlösungsbeträge derjenigen Teilschuldverschreibungen, deren Zahlung bei der Veröffentlichung des Dekrets vom 7. März 1920 Nr. 243 noch nicht erfolgt war.

Art. 2. Die Bestimmungen über Zahlung von Goldverbindlichkeiten zum Nennwert zuzüglich eines Agios bis zum Höchstbetrag von 115 Lire für 100 Goldlire (Dekret vom 25. Juni 1917, Nr. 1023, 14. April 1918, Nr. 513, 27. November 1919 Nr. 2365) werden bis auf weiteres verlängert.

7. Dekret vom 7. November 1920, Nr. 1717.

Die Geltung der folgenden Dekrete wird bis zum 30. April 1921 verlängert:
Dekret vom 28. Februar 1916, Nr. 224.
Dekret vom 10. Januar 1918, Nr. 26.

8. Gesetzdekret vom 17. Juli 1921, Nr. 1063.

Art. 1 Abs. 1 des Dekrets vom 28. Februar 1916 Nr. 224 wird bis auf weiteres verlängert. Ebenso wird der in Abs. 2 erwähnte Zeitpunkt bis auf weiteres hinausgeschoben.

Unter Abänderung des Dekrets vom 10. Januar 1918, Nr. 26 wird bis auf weiteres der amtliche Goldkurs gemeinsam durch das Handels- und das Schatzministerium nach dem Mittelkurs der italienischen Währung auf New York festgestellt.

3. Norwegen.

Gesetz über Geldschulden, die auf Goldzahlung lauten, vom 15. Dezbr. 1923[1]).

Hat ein Schuldner sich wirksam verpflichtet, eine Geldschuld in Goldkronen zu bezahlen, und weigert sich der Gläubiger, die Zahlung in Noten der Norges Bank von entsprechendem Nennwert anzunehmen, so kann der Schuldner Stundung auf so lange verlangen, wie die Bank von ihrer Verpflichtung, die Noten zum Nennwerte einzulösen, befreit ist. Zieht der Gläubiger seine Weigerung zurück, so kann er Zahlung erst nach einer Frist von drei Monaten fordern. Während der Stundungszeit sind 4% Jahreszinsen, zahlbar in Banknoten, zu zahlen. Auf das Stundungsrecht können im voraus nur der Staat, die Kommunen, Norges Bank und ganz vom Staat garantierte Banken wirksam verzichten.

4. Österreich.

Verordnung des Bundesministeriums für Justiz vom 14. Juni 1921 über die Bezahlung ausländischer in Gold oder Silber zu erfüllenden Schulden[2]).

§ 1.

Bestehen in einem anderen Staate Vorschriften darüber, in welchen Zahlungsmitteln und nach welchem Umrechnungsmaßstab Angehörige dieses Staates Geldschulden, die auf Gold oder Silber (effektiv oder nicht effektiv) lauten, erfüllen können, so kann sich jeder zur Erfüllung einer solchen Schuld Verpflichtete, der seinen Wohnsitz (Sitz) im Inlande hat, auf diese Vorschriften berufen, wenn der andere Vertragsteil seinen Wohnsitz (Sitz) in dem anderen Staate hat oder zur Zeit des Vertragsabschlusses hatte, oder wenn der Vertrag in dem anderen Staat abgeschlossen wurde oder dort zu erfüllen ist.

§ 2.

Kommen Vorschriften der in § 1 genannten Art einem Verpflichteten unmittelbar oder auf Grund der Vorschriften des § 1 zustatten, so können sich auch seine Mitschuldner und Bürgen darauf berufen.

§ 3.

1. Diese Verordnung findet auf alle Verbindlichkeiten der in § 1 genannten Art Anwendung, soweit sie nicht vor dem Tage der Kundmachung dieser Verordnung erfüllt oder durch Vergleich oder rechtskräftige gerichtliche Entscheidung festgestellt sind.

2. Unberührt bleiben die Vorschriften des Staatsvertrages von Saint-Germain.

---

[1]) Norsk Lovtitende S. 655; entnommen aus „Auslandsrecht" 5, 285.
[2]) Bundesgesetzblatt für die Republik Österreich 1921, 1141.

5. Rumänien. [1])

a) Gesetz vom 21. Dezember 1916 betr. Gewährung einer allgemeinen Moratorium in der großen und kleinen Walachei und der Dobrudsha [2]).

Artikel 8: Alle vor dem 15. August 1916 entstandenen Verbindlichkeiten, die auf effektive Goldzahlung lauten, kann der Schuldner sich durch Zahlung der Summe in Noten der Bank von Rumänien oder irgendwelchem anderen rumänischen Gelde zum gesetzlichen Kurse gültig befreien.

b) Gesetz vom 2. Juni 1923 über die Regelung der Bezahlung von Privatschulden, die in höherwertigen Währungen begründet sind [3]) [4]).

Artikel 1: Für alle Schulden des bürgerlichen oder des Handelsrechtes, die vor dem 1. Januar 1922 entstanden und in ausländischer wertbeständiger Währung zu zahlen sind, werden vom gegenwärtigen Gesetz Zahlungsfristen bewilligt, falls die Schuldner die Bedingungen vereinigen und die Pflichten erfüllen, wie sie sich aus diesem Gesetz ergeben oder durch die Justizbehörde und durch das Amt für auswärtige Schulden künftig festgesetzt werden. Das gleiche gilt für Schulden, die nach diesem Zeitpunkt entstanden sind, sofern sie aus einer Novation einer der vorstehend bezeichneten Schulden herrühren.

Artikel 2: Alle diejenigen, deren Schulden vor dem 11. November 1918 entstanden, oder deren Kredite vor dem November 1918 gewährt und auch nach diesem Datum verlängert worden sind, müssen, um die Zahlungsfristen dieses Gesetzes erlangen zu können, eine Sicherheit in Höhe des halben nach der gesetzlichen Parität berechneten Wertes des inländischen Geldes hinterlegen. Diese Sicherheitsleistung wird durch Hinterlegung von barem Geld zugunsten

---

[1]) Übersetzung durch Rechtsanwalt Dr. Helmut Rost, Berlin.

[2]) Monitorul Oficial vom 23. Dezember 1916.

[3]) „Monitorul Oficial" vom 3. Juni 1923.

[4]) Das nachstehend abgedruckte Gesetz hat Schritt für Schritt an Bedeutung dadurch verloren, daß mit den Gläubigern in einer Reihe von Staaten Sonderabkommen getroffen wurden. Ein solches war bei Inkrafttreten des Gesetzes nur mit England geschlossen, worauf der Art 13 Bezug nimmt. Bereits ein Dekret vom 14. Dezember 1923 (Mon. Of. 16. Dezember) legte aber den Art. 13 dahin aus. daß die Vorschriften des Gesetzes auf englische Gläubiger nur insoweit Anwendung fänden, als sie nicht im Widerspruch zu den englisch-rumänischen Verträgen ständen. Entsprechendes ist auf Grund der weiteren Sonder-Abkommen mit den Gläubigern der Schweiz (1924), Italiens (1924) und Frankreichs (1925) bestimmt worden. Im Verhältnis zu den übrigen Ländern wurde das Gesetz von 1923 außer Kraft gesetzt durch Gesetz vom 9. Februar 1926 (Mon. Of. vom 10. Februar), wonach die vor dem 1. Januar 1922 entstandenen Valutaforderungen aus Ländern, mit denen nicht binnen 3 Monaten nach Verkündung dieses neuen Gesetzes Sonderabkommen geschlossen würden, in zwei Gruppen geteilt werden: Steht nämlich die heimische Valuta des Gläubigers im Verhältnis zum Leu höher als das 15 fache der gesetzlichen Parität, so finden die entsprechenden englischen Vereinbarungen, steht sie mindestens auf 3 facher und höchstens auf 15 facher Parität, so finden die französischen Vereinbarungen (mit Ausnahme der Bestimmungen über die Ausgabe von Teilschuldverschreibungen und über Schiedsgerichte) Anwendung. Mit dem Inkrafttreten dieses Gesetzes ist auch das bis dahin verlängerte Moratorium vom 14. Mai 1923 (Mon. Of. vom 17. Mai) aufgehoben worden. R.

des Gläubigers bewirkt. Sie ist zu dem gleichen Zinssatz zu verzinsen, der für die Verbindlichkeit der Schuldner gilt.

Diejenigen, deren Schulden nach dem 11. November 1918 und vor dem 1. Januar 1922 entstanden sind, haben eine Sicherheit durch Hinterlegung von Lei in Höhe von 30% des mittleren Wertes des ausländischen Geldes im Jahre 1922 zu leisten.

Diese Sicherheit kann bestehen in Bargeld, in staatlichen oder staatlich garantierten Papieren, Hypotheken, Bankbürgschaften oder Aktien solcher Aktiengesellschaften, die von dem erwähnten „Amt für auswärtige Schulden" für geeignet befunden sind.

Die Sicherheit ist zu ergänzen, sobald sie nicht mehr dem angenommenen Werte entspricht. Sie kann nach Maßgabe der Wertfestsetzung des Amtes umgetauscht werden.

Die Sicherheit bleibt bis zur völligen Tilgung der Schuld hinterlegt. Es können jedoch, soweit ihr Betrag infolge der jährlichen Zahlungen die noch geschuldete Summe übersteigt, aus ihr die fälligen Raten gedeckt werden.

Besteht die Sicherheit in barem Geld, Effekten, Schuldforderungen oder Aktien, so ist sie bei der Nationalbank von Rumänien zu hinterlegen.

Artikel 3: Die Zahlungsfrist beträgt mindestens 12 Jahre, beginnend mit dem Tage der Verkündung dieses Gesetzes. Sie wird für alle Privat- und Handelsschulden gewährt, die in ausländischer wertbeständiger Währung zu zahlen sind, falls der Schuldner die durch Artikel 2 bestimmte Sicherheit leistet.

Artikel 4: Ist die Schuld in der Zeit nach dem 11. November 1918 und vor dem 1. Januar 1922 entstanden, so hat der Schuldner in den ersten 4 Jahren jährlich 7,33% der jeweils übrigen Schuldsumme zu zahlen. Hiervon gelten 4% als Zinsen und 3,3% als Tilgung des Kapitals.

Fällt jedoch nach 4 Jahren der Kurs des ausländischen Geldes unter den gegenwärtigen Kurs, so hat der Schuldner im fünften Jahre außer der jährlichen Zahlung von 7,33% eine der Verbesserung des Leikurses entsprechende weitere Quote zu zahlen.

Diese Erhöhung erfolgt jährlich in der Art, daß die zu zahlende Quote im selben Verhältnis erhöht wird, in welchem der mittlere Leikurs während des jeweils vergangenen Jahres den in diesem Gesetz festgesetzten Leikurs übersteigt.

Welches aber auch die Verbesserung des Leikurses ist, so kann doch der Schuldner nicht gezwungen werden, in einer kürzeren Frist als in 12 Jahren die Schuld zu bezahlen, und bei Verschlechterung des Leikurses ist er nicht berechtigt, weniger als 7,33% jährlich zu zahlen.

Die in diesem Artikel erwähnte Zahlungsfrist von mindestens 12 Jahren wird für Schulden, die nach dem Tage der Verkündung dieses Gesetzes fällig werden, ganz seit diesem Tage berechnet. Doch ist die Jahresrate von Amts wegen derart zu vergrößern, daß innerhalb von 12 Jahren seit dem Tag der Verkündung des Gesetzes auf diese Schulden die gleichen Summen wie auf die bereits fälligen Schulden bezahlt sind.

Die Jahresraten werden für alle Schulden in zwei gleichen, halbjährlichen, von Fälligkeit der Schuld ab berechneten Terminen bezahlt.

Artikel 5: Für die Festsetzung der Zahlungsweise der vor dem 11. November 1918 entstandenen Schulden kann das Amt mit Bestätigung des Gerichts auch den Aufschub jeder Zahlung von nicht mehr als 3 Jahren bewilligen. Ferner kann das Amt die Jahresraten verschieden, die ersteren kleiner, die folgenden größer gestalten, doch darf es hierbei die Zahlungsfrist im ganzen — unter Einrechnung eines etwaigen Zahlungsaufschubs — nicht unter 12 Jahren und nicht über 20 Jahre festsetzen.

Für die Zahlungen werden, auch während des Zahlungsaufschubs, 3% Zinsen jährlich berechnet.

Das Amt darf für diese Schulden keinesfalls eine höhere Jahresrate festsetzen als für die nach dem 11. November 1918 fälligen Schulden. Soweit in den Raten eine Tilgung des Kapitals enthalten ist, werden sie erst fällig, falls der Kurs des Lei ein Drittel[1]) seiner gesetzlichen Parität erreicht hat.

Die hierüber vom Amte ausgestellte Urkunde kann vom Gerichte hinsichtlich des Zahlungsaufschubs und der Höhe der Jahresraten nachgeprüft werden.

Die übrigen Punkte werden vom Amt im Geiste des Abkommens mit den englischen Gläubiern endgültig festgesetzt.

Artikel 6. Zur Regelung der Zahlung dieser Schulden wird eine Kommission mit der Bezeichnung „Amt für Privatschulden in ausländischer Währung" gebildet. Diese Kommission bilden: ein auf Vorschlag des Finanzministers ernannter Regierungsvertreter, ein Direktor oder Delegierter der Nationalbank und der Präsident der Handelskammer von Bukarest oder ein von ihm bezeichneter Vertreter. Das Amt hat seinen Sitz bei der Nationalbank in Bukarest.

Das Amt hat folgende Befugnisse:

a) Es hat die Anträge der Schuldner, die die Vergünstigung dieses Gesetzes in Anspruch nehmen wollen, entgegenzunehmen und im Geiste der mit den englischen Gläubigern getroffenen Vereinbarungen zu prüfen.

b) Es hat die angebotenen Sicherheiten zu prüfen und deren Art und Betrag nach Maßgabe der Artikel 2 ff. näher zu bestimmen. Besteht die Sicherheit in Geld oder Effekten, so hat das Amt ihre Hinterlegung bei der Nationalbank oder einer anderen mit den Gläubigern vereinbarten Bank anzuordnen. Die Annahme der Effekten erfolgt zu ihrem Börsenkurse. Ferner bestimmt das Amt, wie lange die Sicherheit hinterlegt bleibt. Es holt die Zustimmung der Gläubiger ein, falls unter seiner Zustimmung die Sicherheit bei einer Bank, die Zinsen zahlt, hinterlegt werden soll, oder falls davon staatlich garantierte Papiere gekauft werden sollen. Soweit die Sicherheit Zinsen bringt, werden sie auf die Jahresraten verrechnet.

c) Nach schriftlicher Zustimmung der Gläubiger kann das Amt auch eine geringere als die festgesetzte Sicherheit entgegennehmen.

d) Das Amt kann bestimmen, daß die halbjährlichen Einzahlungen bei der Nationalbank erfolgen, und am Schluß jedes Jahres die Auszahlung an die Gläubiger anordnen.

e) Kommt der Schuldner seinen Zahlungsverpflichtungen nicht nach, so stellt das Amt dies fest, erklärt den Schuldner der Vorteile dieses Gesetzes für verlustig und stellt die dazu notwendige Urkunde aus, um auf deren Grundlage zu erklären, daß der Gläubiger wieder in die Ausübung seiner früheren Rechte eingetreten ist. Das Amt hat im übrigen die Forderung für die Gläubiger einzutreiben.

Mit Zustimmung des Gläubigers kann sich das Amt in seinem Namen an die Gerichte wenden, ohne irgendeiner Vollmacht von Seiten des Gläubigers zu bedürfen.

---

[1]) Das dürfte der Sinn sein. Im Gesetz steht aber: „das Dreifache". R.

f) Auf Antrag des Gläubigers kann das Amt jederzeit prüfen, wie der Schuldner sein Vermögen verwaltet und seine Geschäfte führt, ohne daß es jedoch in diese Geschäfte einzugreifen befugt ist.

Ergeben die Ermittlungen, daß der Schuldner grob fahrlässig oder absichtlich zum Nachteil seiner Gläubiger auf die Verringerung seines Vermögens hinarbeitet, so kann das Amt dem Gläubiger eine Urkunde ausstellen, wonach der Schuldner die Vergünstigungen dieses Gesetzes verloren hat, und kann dem Gläubiger die hinterlegten Sicherheiten aushändigen, indem es dem Gläubiger freistellt, auf dem durch dieses Gesetz bezeichneten Wege seine Forderung sowie die erlangten Hypotheken und die Banksicherheiten zu vollstrecken.

Die Feststellungen des Amtes über die obigen Fragen sind endgültig, und die Gerichte können sie auf keinem Wege abändern, da nur das Amt den Genuß oder den Verlust der Vorrechte dieses Gesetzes feststellen kann.

Die Zwangsvollstreckung erfolgt auf Antrag des Gläubigers durch das Amt.

g) Das Amt hat zu prüfen, ob ein Fall der in Artikel 4 vorgesehenen Erhöhungen der Jahresraten vorliegt und in diesem Falle die halbjährlichen Zahlungen festzusetzen.

h) Das Amt vertritt den Gläubiger in allen gerichtlichen und außergerichtlichen Angelegenheiten.

i) Das Amt wendet sich an das zuständige Gericht, um eine bewilligte Hypothek zur Eintragung anzumelden. Diese Eintragung ist befreit von Stempel- und Registersteuer und wird wie eine Staatseintragung behandelt.

Artikel 7: Das Amt kann nur auf Antrag des Gläubigers oder des Schuldners eingreifen, niemals von Amts wegen.

Artikel 8: Wer die Vergünstigung dieser Gesetze in Anspruch nehmen will, muß binnen 3 Monaten seit Verkündung dieses Gesetzes oder seit Fälligkeit der Schuld ein Gesuch an das Amt richten. Ein späterer Antrag wird nur bei schriftlicher Zustimmung des Gläubigers berücksichtigt.

Artikel 9: Nach Eingang der Anträge stellt das Amt ür jeden Schuldner eine Urkunde in zweifacher Ausfertigung aus. Diese Urkunde enthält: den Schuldbetrag, die zu hinterlegende Sicherheit, Fälligkeit und Betrag der halbjährlichen Zahlungen und alle sonstigen etwa vereinbarten Bedingungen.

Das Amt reicht sodann diese Urkunde dem Handelsgericht am Wohnsitz des Schuldners zur Bestätigung ein, nachdem es sie dem Schuldner und dem Gläubiger, dessen Wohnsitz der Schuldner in seinem Antrage bezeichnen muß, durch Einschreibebrief zugestellt hat.

Nach Eingang der Urkunde und der das Datum der Zustellung enthaltenden Zustellungsurkunde wartet das Gericht 14 Tage, wenn der Gläubiger in Rumänien, 30 Tage, wenn er in Europa, 60 Tage, wenn er außerhalb Europas wohnt, worauf es ohne weitere Prüfung die Urkunde bestätigt, falls kein Einspruch erhoben wird. Erhebt der Schuldner oder der Gläubiger Einspruch, so prüft das Gericht ohne Hinzuziehung der Parteien, ob die Bestimmungen dieses Gesetzes erfüllt sind, und falls festgestellt wird, daß Verstöße oder Unvollständigkeiten vorliegen, gibt das Gericht dem Amte innerhalb von 5 Tagen die Urkunde mit seinen Beanstandungen zurück. Das Amt hat die vom Gericht beantragten Berichtigungen vorzunehmen und die Urkunde demgemäß neu zu fassen. Die Parteien können kurze Schriftsätze einreichen

Im Falle das Gericht der Meinung des Amtes nachgibt, hat dieses die Urkunde nach den Anweisungen der Justizbehörde neu zu fassen.

Die derart berichtigten Urkunden werden sodann bestätigt.

Gegen das Eingreifen des Gerichtes, sowie gegen die Bestätigung gibt es kein Rechtsmittel.

Artikel 10: Das Amt kann nur über unstreitige oder lediglich wegen der Höhe der geschuldeten Summe oder der Zinsen oder wegen der Fälligkeit streitige Forderungen entscheiden. Werden andere Fragen streitig, so die Gültigkeit oder das Bestehen der Schuld, oder die Art der geschuldeten Währung, so beschließt das Amt, ob Anlaß zur Aussetzung des Verfahrens bis zur Entscheidung durch die ordentlichen Gerichte besteht.

Nach Abschluß des ordentlichen Verfahrens wirkt das Amt darauf hin, daß der Schuldner sofort die während des Verfahrens fällig gewordenen Jahresraten sowie den Rest nach Art. 4 dieses Gesetzes zahlt.

Die durch das Gericht bestätigte Urkunde steht einem rechtskräftigen Urteile gleich. Durch Erteilung der Vollstreckungsklausel durch das bestätigende Gericht wird sie vollstreckbar.

Artikel 11: Die Zwangsvollstreckung aus diesen Gesetz erfolgt in den Formen und Fristen des Gesetzes über das Verwaltungszwangsverfahren. Die Forderung wird gegebenenfalls zum Zwecke der Vollstreckung den Finanzbehörden abgetreten, die dafür belastet werden. Das Amt wird zu dem Verfahren als Gläubiger zugezogen.

Die Zwangsvollstreckung kann lediglich nach Maßgabe des Gesetzes über das Verwaltungszwangsverfahren durch Hinterlegung der Hälfte des geschuldeten Betrages aufgeschoben werden.

Artikel 12. Die Vorschriften dieses Gesetzes gelten auch für Vergleiche über solche Schulden, die vor dem 1. Januar 1922 entstanden sind. Die nach dem Januar 1923 bewirkten Zahlungen werden auf das Garantiekonto und auf die ersten festgesetzten Halbjahrsraten nach Maßgabe dieses Gesetze angerechnet.

Ferner erstreckt sich das Gesetz auf die vor seinem Erlaß ergangenen rechtskräftigen Urteile oder auf vorher abgeschlossene Vereinbarungen oder Vergleiche. Ein vorheriger Verzicht auf die Vergünstigungen dieses Gesetzes ist unwirksam.

Hat jedoch ein Schuldner Sicherheiten hinterlegt, so werden diese von dem Gläubiger, welcher sie empfangen hat, zurückbehalten. Bestehen sie in Geld, so werden davon die ersten fälligen Raten bezahlt, bis die Sicherheiten sich auf den durch dieses Gesetz bestimmten Betrag herabgemindert haben.

Artikel 13: Das Gesetz tritt sofort in Kraft für Schulden gegenüber englischen oder rumänischen Gläubigern.

Das Amt kann beim Ministerrat beantragen, daß das Gesetz ebenfalls Anwendung findet auf Gläubiger derjenigen Staaten, deren Wechselkurs mindestens dreimal so hoch ist, als die gesetzliche Parität, und mit denen nicht innerhalb der durch das Gesetz Nr. 2356 vom 14. 5. 1923 bestimmten Frist von 3 Monaten besondere, auf der Grundlage dieses Gesetzes beruhende Vereinbarungen getroffen worden sind.

In diesem Falle wendet das Amt die Bestimmungen dieses Gesetzes in gleicher Weise auf die Gläubiger solcher anderen Staaten an, ohne Rücksicht auf den Zeitpunkt der Entstehung der Schuld. Doch ist bei Bestimmung der Höhe der Sicherheit und der Jahresraten das Verhältnis zu berücksichtigen, in dem die Schuld sich durch die Verschlechterung des Leikurses erhöht hat, in welchem Fall auch die Höchstdauer der Zahlungsfrist in demselben Verhältnis verlängert wird.

Die durch Artikel 8 bestimmte Frist von 3 Monaten läuft gegenüber anderen als englischen und rumänischen Gläubigern von Inkrafttreten des Gesetzes auch für diese Gläubiger.

Artikel 14: Ein Reglement, das vom Amt mit Bestätigung des Finanzministers erlassen wird, regelt die Anwendungsweise, den Beamtenapparat, die Gehälter und die zu erhebenden Gebühren.

Alle Akte des Amtes sind von Stempelpflichten befreit.

6. Saargebiet.

Verordnung vom 20. Januar 1927 über Feingoldhypotheken [1]).

Artikel 1.

Eine Hypothek kann außer in der durch den Beschluß des Obersten Gerichtshofes des Saargebietes vom 22. Juni 1926 — abgedruckt in der beifolgenden Anlage — zugelassenen und hiermit bestätigten Bestellungsform, auch in der Weise bestellt werden, daß die Höhe der aus dem Grundstücke zu zahlenden Geldsumme durch den amtlich festgestellten oder festgesetzten Preis einer bestimmten Menge von Feingold bestimmt wird.

Artikel 2.

Bei der Eintragung der Feingoldhypothek im Grundbuch ist der Geldbetrag durch die Menge des Feingoldes zu bezeichnen.

Artikel 3.

Im Falle der Zwangsversteigerung wird in dem Versteigerungstermin vor der Aufforderung zur Abgabe von Geboten festgestellt und bekannt gemacht, welchen Wert die Feingoldhypothek hätte, wenn sie im Versteigerungstermin zahlbar wäre.

Artikel 4.

Soweit eine bei der Feststellung des geringsten Gebots berücksichtigte Feingoldhypothek bestehen bleibt, bleiben Änderungen des im Versteigerungstermin festgestellten Wertes für das weitere Verfahren außer Betracht.

Artikel 5.

Wenn der betreibende Gläubiger die Zwangsversteigerung auf Grund einer Feingoldhypothek betreibt, so kann er im Versteigerungstermin verlangen, daß das Ausgebot mit der Bedingung erfolgt, daß der Bieter denjenigen Frankenbetrag zu zahlen hat, der dem Feingoldwerte seines Gebotes im Versteigerungstermine entspricht. Haben Beitritte (§ 27 Zw.V.G.) stattgefunden, so kann dieses Recht nur von dem bestberechtigten betreibenden oder angeschlossenen Gläubiger verlangt werden.

---

[1]) Amtsblatt der Regierungskommission des Saargebietes vom 25. Februar 1927.

Artikel 6.

Im Teilungsplan sind die dem Gläubiger der Feingoldhypothek zu zahlenden Beträge auf Grund des letzten Preises zu bestimmen, der nach Maßgabe des Inhaltes des Rechtes amtlich festgestellt werden kann.

Soweit der Teilungsplan dadurch ausgeführt wird, daß auf den Gläubiger der Feingoldhypothek eine Forderung gegen den Ersteher übertragen wird, ist die Forderung in derselben Weise wertbeständig zu bestimmen, wie die Hypothek bestimmt war.

Wird der Gläubiger der Feingoldhypothek nicht vollständig befriedigt, so ist der verbleibende Teil seiner Forderung in derselben Weise wertbeständig festzustellen, wie die Hypothek bestimmt war. Die Feststellung ist für die Haftung mitbelasteter Grundstücke, für die Verbindlichkeit des persönlichen Schuldners und für die Geltendmachung des Ausfalles im Konkurse maßgebend.

Artikel 7.

Für die Berechnung von Eintragungsgebühren ist der Wert maßgebend, den die Forderung zur Zeit des Einganges des Eintragungsantrages bei dem Grundbuchamte hat.

Artikel 8.

Für die Grundschulden und Rentenschulden gelten die Vorschriften der Artikel 1—7 entsprechend.

Artikel 9.

I. Werden von einer Hypothekenbank Hypotheken-Pfandbriefe ausgegeben, deren Nennwert nach Maßgabe des Artikels 1 bestimmt ist, gleichviel ob die Feingoldmenge in gesetzlicher oder anderer Währung ausgedrückt ist, so gelten die folgenden Vorschriften:

1. Der Gesamtbetrag der im Umlauf befindlichen Hypotheken-Pfandbriefe jeder Gattung muß in Höhe des Nennwertes jederzeit durch Hypotheken gleicher Gattung von mindestens gleicher Höhe und mindestens gleichem Zinsertrage gedeckt sein.

2. Als Ersatzdeckung (§ 6 Abs. 4 des Hypothekenbankgesetzes) können nur solche wertbeständige Schuldverschreibungen verwendet werden, die von einer öffentlichen Körperschaft oder von unter staatlicher Aufsicht stehenden Banken ausgestellt oder gewährleistet sind und von der Regierungskommission als zur Ersatzdeckung geeignet bezeichnet sind, sowie Geld derjenigen Währung, in der die Feingoldmenge bestimmt ist.

3. Bei Feststellung des Betrages, bis zu dem Hypotheken-Pfandbriefe ausgegeben werden dürfen, ist für die Berechnung des Wertes wertbeständiger Pfandbriefe und wertbeständiger Schuldverschreibungen der in den §§ 41, 42 des Hypothekenbankgesetzes bezeichneten Art, der Tag maßgebend, an dem die neu auszugebenden Pfandbriefe oder Schuldverschreibungen von dem Treuhänder gemäß § 30, Abs. 3 des Hypothekenbankgesetzes ausgefertigt worden sind.

4. Für jede Gattung der zur Deckung von Pfandbriefen bestimmten Hypotheken ist ein besonderes Register zu führen.

Jede eine besondere Serienbezeichnung tragende Ausgabe gilt als Gattung.

5. Ist über das Vermögen der Hypothekenbank das Konkursverfahren eröffnet, so gehen in Ansehung der Befriedigung aus den Hypotheken und Schuldverschreibungen, die in das für eine Gattung geführte Register ein-

getragen sind, die Forderungen aus Pfandbriefen dieser Gattung den Forderungen aus Pfandbriefen anderer Gattung vor. Das gleiche gilt von Geld, das dem Treuhänder als Deckung von Hypothekenpfandbriefen dieser Gattung in Verwahrung gegeben ist.

6. Die Ausgabe von Hypothekenpfandbriefen, welche auf eine andere als die gesetzliche Währung oder auf eine in anderer als der gesetzlichen Währung ausgedrückte Feingoldmenge lauten, ist nur zulässig, wenn das Mitglied der Regierungskommission für wirtschaftliche Angelegenheiten die Ausgabe genehmigt hat.

II. Werden von einer Hypothekenbank Schuldverschreibungen der in den §§ 41, 42 des Hypothekenbankgesetzes bezeichneten Art ausgegeben, deren Nennwert nach Maßgabe des Artikels 1 bestimmt ist, so gelten die Vorschriften des Artikels 9, I entsprechend.

Artikel 10.

Die Regierungskommission wird ermächtigt, die zur Durchführung dieser Verordnung erforderlichen Ausführungsbestimmungen und allgemeinen Verwaltungsvorschriften zu erlassen, insbesondere die für die Umrechnung das Feingoldpreises in die Währungen maßgebenden Anordnungen zu treffen. Die Regierungskommission kann diese Befugnisse auf ihre zuständigen Mitglieder übertragen.

Artikel 11.

Diese Verordnung tritt mit dem Tage der Verkündung in Kraft.

Anlage zu Artikel 1.

Beschluß des zweiten Zivilsenat des Obersten Gerichtshofes in Saarlouis:

Das Grundbuchamt wird angewiesen, dem Antrage des Beschwerdeführers vom 17. April 1926 auf Eintragung der bewilligten Dollarhypothek stattzugeben, — vorausgesetzt daß nicht anderweitige Bedenken dieser Eintragung entgegenstehen, — bei der Eintragung jedoch zum Ausdrucke zu bringen, daß der eingetragene Dollarbetrag lediglich der Wertmesser für die in der gesetzlichen Währung des Saargebietes bestehende Darlehnsforderung und die zu zahlenden Geldsummen ist.

Ausführungsbestimmungen vom 17. Februar 1927.

§ 1.

Als amtlich festgestellter Preis für Feingold gilt nur der von der Direktion für wirtschaftliche Angelegenheiten im Regierungsamtsblatt bekannt gegebene Londoner Goldpreis. Die Umrechnung in die gesetzliche Währung erfolgt nach dem Mittelkurs der Pariser Börse auf Grund der letzten amtlichen Notiz vor dem Tage, der für die Berechnung der Kapitaltilgungs- und Zinsbeträge, sowie der sonstigen Nebenleistungen maßgebend ist. Ist ein Durchschnittspreis maßgebend, so erfolgt die Umrechnung nach dem Durchschnittskurse desselben Zeitraumes.

§ 2.

Für eine Hypothekenbank, welche gemäß Artikel 9 der Verordnung betr. Feingoldhypotheken, Pfandbriefe in Dollar (Goldwährung der Vereinigten Staaten von Amerika von oder entsprechend dem gegenwärtigen Gewichte und Feingehalt) ausgibt, können Hypotheken oder Grundschulden gleicher Art in das Grundbuch eingetragen werden.

Ein Dollar (Goldwährung der Vereinigten Staaten von Amerika von oder entsprechend dem gegenwärtigen Gewicht und Feingehalt) entspricht 1,50463 g Feingold.

Für die Umrechnung der wiederkehrenden Leistungen in die gesetzliche Währung gilt als letzter amtlich festgestellter Kurs derjenige von der Direktion für wirtschaftliche Angelegenheiten festgestellte Kurs, zu welchem die Hypothekenbank im Bar- oder Terminverkehr die fälligen oder fällig werdenden wiederkehrenden Leistungen mit Ausschluß derjenigen, welche zur Zeit der Eindeckung bereits erledigt sind, nach vorheriger Zustimmung der Direktion für wirtschaftliche Angelegenheiten in der gesetzlichen Währung des Saargebietes eingedeckt hat. Falls mehrere Käufe zu demselben Deckungszweck stattgefunden haben, ist der Durchschnittskurs unter Berücksichtigung der einzelnen Kapitalbeträge festzustellen.

Für die Umrechnung sonstiger Leistungen wird der Umrechnungskurs besonders von der Direktion für wirtschaftliche Angelegenheiten festgestellt gemäß demjenigen Kurs oder Durchschnittskurs, zu welchem die Hypothekenbank die sonstigen Leistungen in der gesetzlichen Währung eingedeckt hat.

Die Kosten der Eindeckung sind der ermittelten Summe hinzuzurechnen und soweit erforderlich zum gleichen Kurse umzurechnen.

7. Ungarn.

Ungarische Verordnung vom 10. Februar 1923 über in Gold zu leistende Zahlungen [1]).

§ 1.

Eine Geldschuld, die auf einem Handelsgeschäft, Wechsel oder auf einem anderen privatrechtlichen Schuldgrunde beruht und die effektiv in Gold oder in ausländischer Goldwährung (in in- oder ausländischen Goldmünzen) zu bezahlen ist, kann selbst wenn sie ganz oder teilweise erst nach dem Inkrafttreten dieser Verordnung fällig wird, in jedem gesetzlichen Zahlungsmittel beglichen werden; als Umrechnungskurs dient der Mittelkurs des an der Budapester Börse festgestellten Schlußkurses bzw. der Mittelwert der von der Devisenzentrale veröffentlichten Kurse (Geld und Ware), mangels solcher Kurse aber der Marktpreis vom Vortrag der tatsächlichen Zahlung.

Soweit ein Geschäft bereits erfüllt ist, wird es von dieser Vorschrift nicht betroffen.

§ 2.

Sollte die dem § 1 entsprechende Erfüllung in Anbetracht der seit dem Abschluß des Geschäftes veränderten wirtschaftlichen Verhältnisse mit Rücksicht auf die Verschiebungen im Geldwerte, auf die Vermögensverhältnisse und Erwerbsmöglichkeiten des Schuldners der Billigkeit nicht entsprechen, so kann der Schuldner beim Gericht eine Ermäßigung der Goldschuld bzw. ihres noch unerfüllten Teiles beantragen.

Insbesondere ist eine Ermäßigung dann zu gewähren, wenn der Schuldner die Verbindlichkeit gegen Leistung des anderen Teiles übernommen oder wenn er den ihm zugeflossenen Wert angelegt oder investiert hatte und der Wert der Gegenleistung, Investition oder Anlage in Kronen ungarischer Währung abgeschätzt, entweder gar nicht oder nur in unverhältnismäßig geringerem

---

[1]) Budapesti Közlöny vom 10. Februar 1923 (übersetzt von Rechtsanwalt Dr. Josef Paul Sebestyén-Budapest).

Maße gewachsen ist oder wenn der Schuldner die Gegenleistung inzwischen ohne größeren Verdienst weitergegeben oder sie verbraucht hat.

Bezüglich der Schulden, die auf Schuldverschreibungen und Pfandbriefen eines zur öffentlichen Rechnungslegung verpflichteten Unternehmens beruhen und die unter die Bestimmungen des § 1 fallen, kann das Emissionsinstitut auch verlangen, daß im Hinblick auf die restliche Schuld der Umrechnungskurs mit Rücksicht auf die Einnahmen festgesetzt wird, die ihm aus der Verzinsung bzw. durch Rückzahlung oder Einziehung der den Schuldverschreibungen oder Pfandbriefen zugrunde liegenden Forderungen zufließen. Das Unternehmen oder der gemeinsame Vertreter der Schuldverschreibungseigentümer kann bei einer Änderung der Verhältnisse jederzeit eine entsprechende Abänderung des Beschlusses verlangen.

Wenn es durch die Lage des Schuldners gerechtfertigt erscheint, kann das Gericht einen Zahlungsaufschub bis zu 5 Jahren gewähren. Erreicht der Kronenwert der rückständigen Teilschuld 25 % des gegenwärtigen Wertes vom Vermögen des Schuldners, so beginnt diese Frist erst in zwei, wenn 50 % in vier Jahren und wenn er 50 % übersteigt, erst in sechs Jahren. Das Gericht kann die Gewährung eines Zahlungsaufschubes von der Offenlegung des Vermögens des Schuldners und — wenn es ohne erheblicher Erschwerung seiner wirtschaftlichen Tätigkeit möglich ist — von der Leistung einer Sicherheit — bei Grundbesitz von einer Eintragung — abhängig machen.

Das Gericht kann Teilpachtungen auch ohne Einverständnis des Klägers gestatten und sowohl die fälligen, wie die fällig werdenden Zinsen ermäßigen.

§ 3.

Der Kurs, welcher für die Umrechnung der in Gold zahlbaren, in Anleiheform begründeten Staatsschulden maßgebend ist, wird vom kgl. ung. Minister für Finanzen im Verordnungswege festgesetzt.

Die Frage der in Gold zahlbaren sonstigen Schulden des Ärars wird in einen besonderen Verordnung geregelt.

§ 4.

Besteht in einem anderen Staate eine Rechtsnorm, durch welche die Währung und der Umrechnungsschlüssel für die Erfüllung von in Gold zu leistenden Schulden festgesetzt ist, so kann ein Schuldner, der seinen Wohnort oder Sitz im Inlande hat, in dem Falle, daß sich der Wohnort (Sitz) der anderen Vertragspartei auf dem Gebiete des betreffenden fremden Staates befindet oder zur Zeit des Vertragschlusses befunden hat, die Anwendung der genannten Rechtsnorm verlangen.

§ 5.

Die mit dieser Verordnung geregelten Forderungen können ausschließlich vor dem Budapester kgl. Gerichtshof geltend gemacht werden.

Prozesse, die vor anderen Gerichten anhängig sind und in denen das Gericht erster Instanz die der Urteilfällung vorausgehende Verhandlung beim Inkrafttreten dieser Verordnung noch nicht abgeschlossen hat, — sind von Amts wegen an den kgl. Gerichtshof in Budapest zu verweisen.

Ein auf dieser Verordnung beruhender Antrag kann auch noch in der Revisionsinstanz gestellt werden.

§ 6.

Diese Verordnung findet keine Anwendung bei einem Rechtsverhältnis, bezüglich dessen der Friedensvertrag von Trianon oder ein sonstiger zwischenstaatlicher Vertrag etwas anderes bestimmt.

Die Rechtsnormen, welche den Handel mit ausländischen Zahlungsmitteln, den Devisenverkehr, die Beschränkung des Verkehrs mit dem Auslande und den Zwang zur Kronenrechnung regeln, werden von dieser Verordnung nicht berührt.

§ 7.

Mit Inkrafttreten dieser Verordnung wird die unter Nr. 9, 420/1914. M.E. über in Gold zu leistende Zahlungen auf dem Gebiete der Länder der heiligen ungarischen Krone, erlassene Verordnung (veröffentlicht im Budapester Közlöny, Nr. 303 vom 30. Dezember 1914) außer Kraft gesetzt.

§ 8.

Diese Verordnung tritt mit dem Tage der Bekanntmachung in Kraft.

B. Règles de Vienne, 1926.

Section 1. — Règles Générales.

Règle 1. — Tout paiement doit être effectué dans la monnaie mentionnée au contrat, même si le paiement est fait dans un pays autre que celui où la monnaie du contrat a cours légal.

Règle 2. — Lorsqu'il est impossible d'appliquer la règle 1, le débiteur doit payer l'équivalent en la monnaie du lieu où le paiement est fait au cours du jour du paiement effectif.

Règle 3. — Si, par la faute du débiteur, le paiement n'a pas lieu à l'échéance, celui-ci devra, sans préjudice des intérêts moratoires, payer au créancier, à titre de dommages-intérêts, une somme équivalant à la dépréciation de la monnaie du contrat par rapport à une base-or depuis le jour de l'échéance.

Cette règle s'applique en faveur du débiteur si, par la faute du créancier, le paiement n'a pas lieu à l'échéance.

Règle 4. — Dans le cas où il est prescrit par ces Règles de se référer au change d'un jour ou d'un lieu, si, ce jour ou en ce lieu, il n'y a pas de cotation on se conformera, pour le déterminer, aux usages du commerce.

Section II. — Règle d'Avaries Communes.

Règle 5. — Les règlements d'avaries communes, lorsque différentes monnaies sont en jeu, sont établis en monnaie valeur-or.

Doit être considérée comme monnaie valeur-or, au point de vue de cette section, celle dont le cours s'est maintenu à parité avec l'or depuis la date des sacrifices et dépenses respectifs en avaries communes.

a) Les valeurs contributives sont calculées au cours des dates respectives auxquelles elles doivent être déterminées.

b) Les sacrifices à admettre en avaries communes sont calculés au cours des dates respectives auxquelles ils doivent être déterminés.

c) Les dépenses sont calculées au cours des dates o elles ont été effectuées par l'armateur ou celui qui en demande l'admission en avarie commune.

d) Les produits de vente de la cargaison réalisée au cours du voyage ou vendue comme ayant perdu son identité sont calculés en monnaie valeur-or au cours du jour où ils sont reçus par les armateurs ou les propriétaires de la cargaison.

e) Les contributions provisoires et les avances sont immédiatement converties en une monnaie valeur-or.

f) Les sommes mises au crédit ou au débit des divers intéressés en monnaie valeur-or par le règlement d'avaries communes doivent être réglées, si elles le sont en une autre monnaie, au change du jour et du jour et du lieu de leur paiement effectif.

Section III. — Titre des Règles.

Ces Règles peuvent être citées sous le nom de „Règles de Vienne, 1926" et s'appliqueront quand elles seront incorporées au contrat par roie de référence.

Druck von Julius Beltz in Langensalza.

Kolibri 360 GmbH
Ferdinand-Jühlke-Straße 7
99095 Erfurt, Deutschland
produktsicherheit@kolibri360.de